谷口 守 著

実践 地域・まちづくりワーク

成功に導く進め方と技法

森北出版株式会社

●本書のサポート情報を当社 Web サイトに掲載する場合があります．
下記のURLにアクセスし，サポートの案内をご覧ください．

http://www.morikita.co.jp/support/

●本書の内容に関するご質問は，森北出版 出版部「(書名を明記)」係宛
に書面にて，もしくは下記の e-mail アドレスまでお願いします．なお，
電話でのご質問には応じかねますので，あらかじめご了承ください．

editor@morikita.co.jp

●本書により得られた情報の使用から生じるいかなる損害についても，
当社および本書の著者は責任を負わないものとします．

■本書に記載している製品名，商標および登録商標は，各権利者に帰属
します．

■本書を無断で複写複製（電子化を含む）することは，著作権法上での
例外を除き，禁じられています．複写される場合は，そのつど事前に
(社)出版者著作権管理機構（電話 03-3513-6969，FAX 03-3513-6979，
e-mail：info@jcopy.or.jp）の許諾を得てください．また本書を代行業者
等の第三者に依頼してスキャンやデジタル化することは，たとえ個人や
家庭内での利用であっても一切認められておりません．

はじめに

　本書は，あなたが地域やまちをよくしていくためにもっている素朴な思いつきやアイデアを，実際の形にしていくためにはどうしたらよいか，その基礎を解説したものです．

　私は都市計画を専門にしているため，新たな都市計画制度などが導入されると関連してマスコミの取材を受けることがよくあります．その際に必ず尋ねられるのが，「この仕組みで成功したまちはどこですか」という質問です．このお決まりの質問を投げかけられるたび，私は深く失望します．確かに成功しているまちの勉強をすることは必要です．しかし，失敗したくない，うまくいっているところをコピペしておけば叱られることはない，という後ろ向きの発想が世の中に蔓延していて，がっかりするのです．このような思考停止を推奨する環境の中でまちづくりを行っている限り，地域の個性が活かされた心躍る新たな展開が生まれることは望むべくもありません．

　まちは，それぞれに成り立ちも風土も居住者の考え方も異なり，まさに百都市百様なのです．時代やタイミングによっても取り組むべき課題はまったく異なります．他を学ぶことにも増して，素人発想でいいので自分でその場で考えてみる，ということが実は一番大切です．専門家とはよばれない多くの市井の方が実は地域の問題を一番よく把握されていて，よいアイデアやヒントをたくさん隠しもっておられます．それをうまく引き出し，洗練して実際に活きた提案としていくプロセスがきちんと共有されていれば，これからの地域・まちづくりは大きく改善されることが期待できます．同時に，このようなプロセスがきちんと共有されることで，社会全体として本来考慮すべき「公共性」の理解も進み，合意形成が難しい問題についても解決の道筋が見えるようになってきます．

　本書では，そのような地域・まちづくりの一連の取り組みを「ワーク」とよぶことにします．この地域・まちづくりワークは，誰にでもやってみることができるとともに，その進め方が理解できればたいへん楽しいものです．本書はその手順をわかりやすく手ほどきすることを目的として，地域の問題発見からプレゼンテーション（発表）に至るまで，一連の流れに沿った解説を行っています．たとえば，公共交通サービスの改善など，実際の各地域における実践的取り組みに加え，最近多くの大学で新設されている，地域貢献を主眼とした学科やコースにおける実習などでもすぐに活用可能です．また，ワークのテーマ（地域の問題）を探す段階から解説していますので，これからテーマを考えるというワークにもぴったりの内容です．さらに，本書で紹介す

ii　はじめに

る内容は極めて応用範囲が広いため，地域・まちづくりのみならず，企業の研修や諸組織の改善の取り組みなどにも役立つことでしょう．

　なお，それぞれの章に相当する部分はその専門領域としてより詳しい優れた専門書がすでに数多く上梓されています．本書はあくまで地域・まちづくりワークの全体像を初学者が把握しやすいように構成しており，数式などの記述も極力含めないようにしています．このため，各章の内容をより深く学びたい方は，それぞれの章で紹介する参考書をご覧いただくことをお勧めします．

　とくに地域問題に興味をもっており，その気持ちをまちづくりや都市計画などの実践に活かしてみたい人に本書を手に取っていただけることを期待しています．その意味で，本書はすでに森北出版より上梓されている「入門　都市計画」の姉妹書としての位置づけも有しています．また，この逆に，本書での取り組みを実際に進められるうえで，都市計画に関する基本的な知識が必要になる場合もあり，その場合は上記の拙著を参照いただくと議論の落しどころの見通しが少しはよくなるかと思います．

　本書の出版にあたっては，多くの方々より貴重な知見と協力をいただきました（所属などはいずれも当時のもの）．まず，筑波大学の社会工学類で実施されてきた都市計画実習，および岡山大学環境デザイン工学科で筆者がまちづくりワークの速習メニューとして導入した計画学演習での知見に多くを負っています．とくに，筑波大学社会工学域の糸井川栄一先生，甲斐田直子先生，川島宏一先生，鈴木勉先生，谷口綾子先生，松原康介先生，吉野邦彦先生，北原その美技官，北原匡技官は実習を通じて貴重な経験を積ませていただきました．御名前をあげきれませんが，社会工学という分野において，都市計画実習という取り組みの体系を長年にわたってつくりあげてこられた諸先生方，先輩方の御尽力なくして本書は執筆できませんでした．また，両実習を履修して多くの発想を私に与えていただいた学生諸君にも深く感謝致します．実際のまちづくりの現場では，国連ハビタットの佐藤摩利子氏，笠由美子氏，いわき市の高萩正人氏，西山真利江氏をはじめとし，つくば市，松江市，倉敷市など多くの諸組織や市町村のご協力をいただくことができました．さらに，高大連携での高校生を対象としたワークの機会をいただいた大澤義明先生にも御礼申し上げます．付録に加えたアンケート調査の実例は，森英高氏（筑波大学大学院生）との共同研究によるもので，本文中のいくつかの事例は研究室に所属した学生との取り組みの成果です．最後に，本書の執筆作業に辛抱強くご対応いただいた森北出版の村瀬健太氏に感謝したいと思います．

2018 年 8 月

谷口　守

目　次

はじめに……………………………………………………………………………i

第1章 ┃ 地域・まちづくりワークの意義と課題 ━━━━━━━ 1

1.1　あなたの知恵を活かすには …………………………………… 2

1.2　まち中の実践から大学での演習・実習まで ………………… 3

1.3　ワークの基本的なプロセスと本書の読み方 ………………… 4

1.4　ファシリテート能力を身につける …………………………… 7

第2章 ┃ 実施準備からテーマ設定まで ━━━━━━━━━ 9

2.1　ワークの立ち上げ ……………………………………………… 10

2.2　テーマを考える：ブレーンストーミング …………………… 16

2.3　テーマを絞る …………………………………………………… 18

2.4　テーマの決定 …………………………………………………… 20

第3章 ┃ ワークを軌道に乗せる ━━━━━━━━━━━ 23

3.1　何をどこまでやるのか ………………………………………… 24

3.2　重要文献などの基本情報をおさえる ………………………… 27

3.3　現地を見る ……………………………………………………… 29

3.4　キャッチフレーズを考える …………………………………… 32

第4章 ┃ 地域のデータや情報の把握 ━━━━━━━━━ 37

4.1　基礎的なデータおよび地域情報 ……………………………… 38

4.2　応用的な地域データ …………………………………………… 39

4.3　お助けツールの数々 …………………………………………… 43

4.4　写真を味方にする ……………………………………………… 45

iv　目　次

第5章 ｜ 自前調査の進め方 ——————————————————— 53

5.1　自前調査の基本 ……………………………………………………… 54
5.2　ヒアリング …………………………………………………………… 55
5.3　アンケート：調査の基本構成 ……………………………………… 60
5.4　アンケート：調査票の設計 ………………………………………… 66
5.5　スマートな調査のために …………………………………………… 71

第6章 ｜ 地域分析の基礎と考察 ——————————————————— 75

6.1　平均とばらつきを見る ……………………………………………… 76
6.2　分布がもつ意味を考える …………………………………………… 79
6.3　集計をバカにしない ………………………………………………… 80
6.4　データとデータの関係を読み解く：独立性の確認 ……………… 82
6.5　データとデータの関係を読み解く：共分散と相関 ……………… 84
6.6　回帰分析 ……………………………………………………………… 88
6.7　重回帰分析 …………………………………………………………… 90
6.8　主成分分析 …………………………………………………………… 92
6.9　数量化法 ……………………………………………………………… 94
6.10　分析結果の表示 …………………………………………………… 96
発展　共分散構造分析 …………………………………………………… 100

第7章 ｜ 議論の進め方と合意形成 ————————————————— 103

7.1　ファシリテータの役割 ……………………………………………… 104
7.2　効果的な議論のために ……………………………………………… 105
7.3　ロールプレイングゲーム …………………………………………… 110
7.4　議論の整理 …………………………………………………………… 113
発展　ビジネスモデルへの展開 ………………………………………… 114

第8章 ｜ プレゼンテーション ——————————————————— 115

8.1　プレゼンテーションの重要性 ……………………………………… 116
8.2　プレゼンの大前提 …………………………………………………… 117
8.3　プレゼンの基本構成 ………………………………………………… 119
8.4　プレゼンの基本的な技術 …………………………………………… 123
8.5　パワポをどうつくるか ……………………………………………… 128
8.6　レジュメの併用 ……………………………………………………… 131
8.7　質疑に対応する ……………………………………………………… 131
8.8　プレゼンの司会をする ……………………………………………… 134
8.9　最終レポート ………………………………………………………… 135

第 9 章 おわりに：地域・まちづくりワークへの期待 ———————— 137

付録　アンケート実例 …………………………………………………… 141

索　引 …………………………………………………………………… 149

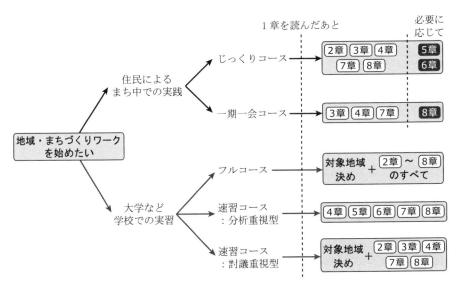

本書の読み方（早見図）：詳しくは 1.3 節を参照

Chapter

1

地域・まちづくりワークの
意義と課題

発展とは自前でやる過程である.

——ジェーン・ジェイコブス

本章では，これからの社会において地域・まちづくりワークに期待されている役割とその基本的なプロセスについて，やさしく解説します．まず，まちづくりの素人である普通の市民や学生一人ひとりの問題意識や意見を，自らの手でこれからのまちづくりに活かしていくことの重要性を述べます．また，そのような地域・まちづくりワークを行う場として，まち中での実践，大学などの教育機関での演習や実習など，幅広い機会があることを紹介します．そのうえで，本書の内容構成に添う形で地域・まちづくりワークをどのような手順で実施していけばよいのか，そのおおよそのプロセスを整理します．最後に，地域・まちづくりワークにおいて意見を引き出し，ワークを組み上げていく基本となる素養（ファシリテーション）について解説を加えます．

1.1 あなたの知恵を活かすには

　地域やまちのことは，国や市町村が決めているからわれわれ市民や学生は何もできないのでしょうか？　確かに過去にはそういう時代もありました．もちろん高度成長期であれば，どこかの大企業がたとえば大規模なニュータウン開発を実施することで，一つのまちが丸ごとできてしまうといったこともありました．いわゆる開発主導型のまちづくりです．しかし，わが国の社会は成熟化が進んでいます．成熟化というと聞こえはいいですが，これにより，現在の地域や都市は，人口減少や高齢化など，過去とはまた違った多くの課題をかかえています．さまざまな試行錯誤や民主化の流れの中で，現在はむしろ，国や市町村は大きな傾向として，「地域のことは住民に考えて決めてもらってかまわないし，むしろそのほうがありがたい」という姿勢に変わりました．また，そのための仕組みやサポートも以前よりは整ってきています．このような変化は日本だけの話ではなく，海外でも**ローカリズム**（localism）と総称されるまちづくりを取り巻く大きなうねりとなっています[1]．

　しかし，だからといって，実際に地域でまちづくりにかかわってみようとする市民や学生の動きが十分にあるかというと，残念ながらそうではありません．「これが問題だ」とか，「こうしたらよいのに」という断片的な思いつきやアイデアがある人は，本書を手に取ったあなたを含め，実は数多いのです．そのパワーを少しでも結集できるなら，それは大変すばらしいことです[2]．しかし，そのような問題意識やアイデアを洗練し，形にしていくための時間もなければ，やり方もよくわからないというのが正直なところでしょう．とくに，自分ひとりでは何も十分なことができません．

　ソーシャルネットワークの発達などに伴い，インターネット上での意見交換ができる機会などは以前より格段に増えています．ただし，それも「いいね」を押しただけ

で終わることも少なくありません．地域に直接かかわるメンバーが直接集まり，顔をあわせてその場を共有しながら意見交換していく行為にはやはりかなわないものなのです．このような実際に人が集まる意見交換の場は，いわゆる**ワークショップ**（workshop）とよばれています．ワークショップには一期一会の一回きりのものもあれば，回数と時間をかけるものもあり，その内容は多様です．しかし，そのような場を通じて，個人の思いつきやアイデアはメンバーとの意見交換を通じて化学反応を起こし，これによって新たな知恵が生み出されます[†]．

本書のタイトルにある「地域・まちづくりワーク」とは，このワークショップの場を重要な要素として含んでいますが，それがすべてではありません．本書は，市民や学生の目線で地域・まちづくりを進めていくうえで，思いつきやアイデアを形にしていくにはどうしたらよいのか，そのプロセス全般を解説し，必要な素養をわかりやすく整理するものです．このために，本書はテーマ設定の考え方からプレゼンテーションに至るまでの一連の流れを，基本的な武器となる調査の考え方や分析方法まで含めて解説を行います．ワークショップが盛り上がることにも増して，一連の取り組みから社会に認められる提言が生まれるようにするには，何をポイントとしておさえればよいのか，その点を整理することに本書は重点を置いています．なお，本書の以降では，ワークショップもその一部として含む場合もある取り組み全体のことを「**まちづくりワーク**」，もしくは省略して**ワーク**（work）とよびます．

1.2　まち中の実践から大学での演習・実習まで

本書は，まち中での実践はもちろん，大学での演習・実習（以下では実習と総称）などにおける地域・まちづくりワークの学習の場から，企業などの組織内，ひいては国際的な展開まで含めた実践の場で活用いただくことを想定した内容となっています．また，実例をふんだんに取り込むとともに，記載内容を厳選することを心がけました．

なお，実践であっても，また実習であっても，そのいずれにおいてもあらかじめワークの中で取り上げるテーマが決まっていない（自分たちでテーマを見つける）場合と，あらかじめテーマが定められている場合があります．前者の場合，いかにテーマを見つけるか，つまり，「いかに問題設定できるか」ということはワークの遂行において極めて重要です．このため，ワークのトレーニングという側面がある大学の実習など

[†] ワークショップの解説を行った良書はすでに国内外に数多く存在していますので，興味のある方は参考文献 3）〜10）などを読んでみてください．

においては，多少の時間はかかりますが，あらかじめテーマを与えてあげるのではなく，自分たちで何を問題とすべきかを考え，テーマを定めていくプロセスを含んだワークとすることが望ましいといえます．本書の「はじめに」でも述べたとおり，近年ではわが国における多くの大学で，その必要性の高さから地域貢献を専門とする学科やコースが新設されています．本書の内容はそれらの大学での関連する実習などにおいて，そのまま参考としていただくことができます．

一方の後者の場合ですが，そのワークプロセスは，前者の自分たちがテーマを見つける場合におけるテーマを定めて以降のワークプロセスと基本的に変わらないと考えていただいてよいでしょう．このため，本書ではプロセスの解説としては自分たちでテーマを見つける場合のワークの流れに沿って解説を進めます．

また，本書では，ワークに取り組むこととなった人が短時間で，ワークにかかわる専門的な分野を横断的に理解し，ワークを進めるうえでの総合力を身につけていただくことを目的としています．本書の目次構成を見ただけで，ワークを全体として遂行するには実に多岐に渡る分野の素養が求められることがわかるでしょう．本書の各章の内容をより深く学習・探求したくなった方は，各章末の参考文献を読んでみたり，各分野に詳しい専門家やワークの経験が豊富な人に話を聞いてみたりするのもよいでしょう．

1.3 ワークの基本的なプロセスと本書の読み方

以下では，自分たちでテーマを見つけるケースにおけるワークの構成やプロセス（流れ）について，その概要を説明します．本書では，その流れに沿って各章で内容と事例を紹介していきます．

（1）ワークの目的をはっきりさせる

まず，すべての立場の人にとって，自分たちの暮らすまちをよくすることが第一の目的でしょう．加えて，実習の場としてワークを捉える場合，なぜこのようなワークのトレーニングを行う必要があるのかということは，文章として明記しておくことが望ましいといえます．たとえば，「地域・まちづくりに関連する課題を自ら発見し，その問題を客観的に把握するための技法，および合意形成や解決に至るファシリテート能力を習得し，プランナーとしての基礎的・専門的素養を身につける」といった表現が考えられます．なお，ファシリテート能力については，つぎの1.4節で解説します．

（2）ワークの基本プロセス

自分たちでワークのテーマを見つけるケースにおいては，まずワークの対象地域を定める必要があります．このことも含め，ワーク全体の基本的なプロセス（流れ）を以下にまとめます．

① 対象地域（自治体）を定める

市民の方々によるワークの場合は，自ずと自分たちの暮らしているまちの周辺地域が対象となりますが，大学での実習の場合は，現地に出かけて調査を行う必要があることを考慮すると，その大学が立地している地元の自治体などを対象とすることが一般的です．

② テーマを定める → 2章

環境，ライフスタイル，交通，防災，建築，交流など，多様な分野よりブレーンストーミング（2.3節で解説する）などの方法を通じて地域課題を明らかにし，その中から取り組むテーマを絞り込みます．

③ ワークを軌道に乗せる → 3章

テーマが定まれば，時間制約なども頭に入れながら，ワークとしてどこまで取り組むかの全体概要を考えます．関連文献を調べて十分な知識を得るとともに，現地の見学も行います．また，取り組んでいることを広く理解してもらうためには，テーマのキャッチフレーズを設定することも重要です．

④ 基礎的な地域データを把握する → 4章

合意形成や何らかの提案を目指すなら，結論を裏付けるためにどのような調査対応を行う必要があるのかを熟考します．基礎的な統計や地域の情報，および見える化ツールなどを活用して対象とする地域の実情を把握します．

⑤ 独自に必要な調査を行う → 5章

必要に応じて独自にヒアリング，アンケートなどを実施することが考えられます．近年よく用いられるようになったインターネットを通じた調査も含め，課題に適した調査手法の選定が求められます．

⑥ 分析とその結果の考察を行う → 6章

さまざまな情報が得られれば，それを整理・分析することが必要となります．そのためには，基本的な統計解析の知識，および多くのデータから課題の特性を読み解く多変量解析の技法が必要となります．あわせて，それら分析結果の数字が何を示唆しているのかを誤解なく読み解くことが不可欠です．

6　第1章　地域・まちづくりワークの意義と課題

⑦ 議論を整理する → 7章

　調査や分析で得られた結果を整理し，総合的な観点から意見交換を行います．必要に応じて合意形成を進め，あわせて今後の課題を整理します．

⑧ プレゼンテーションを行う → 8章

　一連のワークの内容をまとめたうえで，関係者に対してその内容を伝えるためのプレゼンテーションを実施します．

なお，上記⑦の議論と⑧のプレゼンテーションは，同時，もしくは⑧の結果を踏まえて再度⑦を行うという順になされることも多いです．

（3）ワークの典型的な構成と本書の読み方

　上記の① 〜 ⑧の基本的な構成は，筆者が所属している筑波大学理工学群社会工学類で，地域・まちづくりワークの技法を習得するために長年実施されてきた授業（都市計画実習）における蓄積を一つのベースとしています．本書では，さまざまな事例を加えてより一般化し，また理解しやすいように各所で新たな工夫を行っていますので，学校で実習をする学生のみならず，まち中での実践をする一般読者の方々でも活用していただけます．また，本書はワークを構成するそれぞれのパーツごとに章を構成する形を取っていますので，読者それぞれにとって必要な章のみを読んでいただいて差し支えありません．以下に，想定される典型的なワークの構成（コース）や読者層に応じて，どの部分を読んでいただくのが効率的かを整理します．

　まち中での実践の場合は，⑤の調査や⑥の数学的分析を行う機会は少なくなり，また①の対象地域は最初から決まっていることが多いでしょう．そして，課題の取り上げ方に応じて，ワークのやり方は大きく分けて，参加者が複数回集まってじっくりやるのか，そうでなくて一期一会で済ませるのか，の二つになると思います．

● まち中での実践（じっくりコース）→ ② 〜 ④，⑦，⑧（⑤，⑥）

　取り上げる課題を考えること（②）から始めるのであれば，複数回集まれるように計画した方が望ましいといえます．この場合，5章や6章は必要に応じて参照していただくとして，それ以外の章を中心に，ワークの進行にあわせて読んでいただくのがよいでしょう．

● まち中での実践（一期一会コース）→ ③，④，⑦（⑧）

　取り上げる課題がはっきりしている場合，段取りよく取り組めば，最短で半日でもワークは可能です．ワークに参加する前に，3章，4章，7章などを中心に，プレゼンテーションまで行う場合は8章も含めて読んでいただくのがよいでしょう．

大学などの実習で活用する場合は，授業の目的や回数，他の授業との兼ね合いなどから，いくつか活用法が考えられます．以下に，授業のタイプに応じた本書の利用例をあげます．

- **大学での実習（フルコース）→ ①〜⑧すべて**

  十分な授業時間が確保されており，体系的にワークを習得する目的の実習であれば，①〜⑧の流れに近い形で行われるかと思います．この場合は，本書のすべての章を読んでいただくことをお勧めします．

- **大学での実習（速習コース：分析重視型）→ ④〜⑧**

  大学の中にはフルコースで実習を実施することがカリキュラム構成上難しいケースも少なくないと思われます．そのような場合は，最初にテーマを教員側で設定し，そこからワークを開始するということも考えられます．特定テーマに対して分析力を身につけるという分析重視型の実習の場合は，4章から読み始めていただいて差し支えありません．

- **大学での実習（速習コース：討議重視型）→ ①〜④，⑦，⑧**

  ⑤の調査などを行う時間的余裕がなく，⑥の分析的なことは別の授業や書籍で行っており，あくまで問題発見や討議の能力を限られた時間で磨きたいというケースも考えられます．そのような討議重視型の実習の場合は，本書の5章や6章を除いて読んでいただいて差し支えありません．

1.4 ファシリテート能力を身につける

このような一連のワークにおいて，**ファシリテーション**（facilitation）という行為が極めて重要な意味をもちます．この言葉は，ワークショップなどの場を切り盛りすることを指し，具体的には参加者に発言を促したり，議論の流れを整理し，相互理解や合意形成を導くことを意味します[11)12)]．ファシリテーションがうまくなされるかどうかで，そのワークの成果はまったく異なったものになるので，本書の読者の皆さんにファシリテート能力を身につけていただくことは大変重要です．関係者の知恵を引き出せるかどうかが，ワークの成否をにぎっているといえるからです．この役割を担う人のことを，**ファシリテータ**（facilitator）といいます．ファシリテータはリーダー的な役割を担いますが，参加者の中からリーダーを生み出すための，いわば陰のリーダー役を担う場合もあります．また同時に，自らがファシリテータとはならなくとも，

ワークの場でどのようにふるまっていくのがより適切かということを理解することも大切です.

　まちづくりのワークでは,立場や意見の異なる人が一緒に作業を進めるということも珍しくありません.このため,ファシリテート能力の一つとして,さまざまな立場の人になって考えることができるということも大切な要件です.また,その逆に,さまざまな立場の人のことを考えねばならないのに,そのような多様な参加者がワークに含まれない場合もあります.そのようなときは,さまざまな立場の意見を理解するうえで,参加者がその立場の人になりきってワークの中で演じてみるという進め方で行う場合もあります.これはロールプレイングゲームという名称で知られた方法で,本書でも 7.3 節において,このような取り組みの実例を紹介します.ワークを進めるうえでのトレーニングの場づくりとしてもロールプレイングゲームは優れているといえ,そのような場でも全体を取り仕切るファシリテータの役割は重要です.

　ファシリテート能力はもちろん経験を重ねることで身につき,磨かれていくものですが,本書では,ファシリテータの経験がない人にでも楽しんでワークに取り組んでいただけるよう,手順をわかりやすく解説していきます.

参考文献

1) たとえば,Nick Gallent and Steve Robinson : Neighbourhood Planning, Communities, Networks and Governance, Policy Press, 2013.
2) 桑子敏雄:社会的合意形成のプロジェクトマネジメント,コロナ社,2016.
3) Christopher J. Duerksen, C. Gregory Dale, and Donald L. Elliott : The Citizen's Guide to Planning : Fourth Edition, American Planning Association, 2009.
4) Nick Wates : The Community Planning Handbook, Second Edition, Erathscan from Routledge, 2014.
5) Bernie Jones : Neighborhood Planning, A Guide for Citizens and Planners, American Planning Association, 1990.
6) 石塚雅明:参加の「場」をデザインする,学芸出版社,2004.
7) 木下勇:ワークショップ,― 住民主体のまちづくりへの方法論 ―,学芸出版社,2007.
8) 堀公俊・加藤彰:ワークショップデザイン,日本経済新聞出版社,2008.
9) 中野民夫:ワークショップ,新しい学びと創造の場,岩波新書,2001.
10) 山崎亮:コミュニティデザイン,学芸出版社,2011.
11) 中野民夫ほか:ファシリテーション,岩波書店,2009.
12) 森時彦:ファシリテーターの道具箱,ダイヤモンド社,2008.

Chapter

2

実施準備からテーマ設定まで

矛盾から秩序を育て上げよ

——原 広司

本章では，ワークを進めるにあたっての実施準備からテーマ設定までを
　①場所の確保　　②チームづくり　　　　　③自己紹介
　④役割分担　　⑤ブレーンストーミング　⑥テーマの絞り込みと決定
の順に解説します．ここでは，ワークの初期段階での解説をしますが，ブレーンストーミングなどの手法はワークのほかの段階でも活用できます．なお，あらかじめテーマが定められていないケースを軸に内容を構成していますが，適宜テーマが定まっているケースの例も交え，両方の場合に対応できるように配慮を加えています．

どのような取り組みや研究もそうですが，よいテーマ設定ができれば，そのワークの半分はすでに成功しているといって過言ではありません．とくに，地域や社会が抱える課題は時代に応じて刻々と変化しています．地域が有する矛盾をテーマとしてうまくあぶり出し，秩序ある解決策を見出すうえで，この最初のステップはたいへん重要です．時宜を得たテーマが設定できるよう，常日頃から地域の話題や社会の動向に興味をもっておくことがワークを成功させるうえでの近道であることを最初に強調しておきたいと思います．

2.1　ワークの立ち上げ

　この節では，上で紹介したうち，ワークの立ち上げという準備段階にあたる，①〜④について解説します．

（1）場所の確保

　当たり前のことではありますが，まちづくりワークを進めるには意見交換や作業，また必要に応じてワークショップを行うためのスペースが不可欠です．そのワークの内容に応じ，どのような場所を確保する必要があるかについては最初に考える必要があります．基本的な条件として，十分なスペースがあること，メンバーが集まりやすいこと，そしてコストがあまりかからないことなどがあげられます．

　また，グループでの作業を伴いますので，固定されていない大きな平机と各自のイス，議論を記録するホワイトボードなどが備品として必要になります（図2.1）．パソコンやプロジェクターの機材を利用することも多いため，電源が確保できることも重要です．たとえば，学校で実施する場合など，ワーク向けの教室が確保できず，個人用の机とイスが固定されているような通常教室しか確保できない場合，そのためにワークが実施できないということはないですが，メンバーにとっては何かと不便ということになります（図2.2）．なお，最近では，図2.3のような，メンバー数に応じて

2.1 ワークの立ち上げ　11

図 2.1　典型的なワークスペース
　　　　（固定されていない大きな平机，ホワイトボードなど）

図 2.2　通常の講義室など，机やイスが固定
　　　　された部屋では作業が進めにくい

図 2.3　ワークに適した組み合わせ自由度の
　　　　高い机

自由に形状を組み替えられる机も提供されています．

　まち中でワークを実施する場合，地域の方が集まれる適切な場所を確保する必要があります．とくに，地域の公民館や自治会館のスペースをお借りすることが多いでしょう（図2.4）．このほかにも，役所のスペースを使わせていただいたり，20～30人の規模を超えるようになると，学校の講堂を利用させていただくケースもあります．筆者の知り得る過去の大規模なワークは，およそ1,000人の参加者を集めた事例もあります[1]．声を出して意見交換をするわけですから，テーブル間が近接しているとお互いの邪魔になるため，空間の広さに余裕を見ておく必要があります．なお，民家の和室でやってみるのも一つの趣向です（図2.5）．

　とくに，公民館などをお借りしてワークを実施する場合は，そこではどのような備品が使用できるかを早めに確認し，必要なものを事前に揃えておくことも重要です．ワーク当日は慌ただしいので，前日までに会場に持ち込むものをひとまとめにセット

図2.4　地域の公民館（自治会館）の一例

図2.5　和室でも可能

図2.6　お菓子や水も持ち込みます

にしておくといった事前準備も重要です．図2.6に示すとおり，水やちょっとしたお菓子なども参加者の方々が快くワークに参加いただくための重要な小道具です．

(2) チームづくり

　実際にワークを進めるうえで，どのようなチームづくりをしていくかは極めて重要です．とくに，一つのチームを構成するメンバーの人数，およびチーム分けは最初に決めなければならないことです．1チームの構成人数としては，メンバー全員に何らかの仕事の分担が回る程度の人数がよいでしょう．筆者の経験からは，ベストな人数は5〜7人程度だと考えています．たとえば，4人以下だと議論の発展が乏しく，一人あたりのやらないといけない作業量がかなり負担になります．一方で8人以上になってくると，その中でずっと発言しなかったり，仕事をしないで済む人がどうしても出てくるということが起こります（図2.7）．

　実際のワークでは，6人程度のグループを3〜4チーム構成して相互に意見を闘わせるスタイルも一般的です．この場合，各チームが取り扱うテーマは同じものもあれ

図2.7　ちょっと人数が多いかな，と思われるテーブル

ば，異なる場合もあります．とくに，各グループに異なるテーマに割り振る場合は，テーマカラーを決めてそれぞれにワークの部屋を割り振ってしまうという考え方もあります．たとえば，国際問題に関するワークを行った際には，図2.8の（a）〜（c）に示すように，「スラム」「地球環境」「紛争後の復興」のそれぞれにテーマカラーを付し，三つの部屋をそれぞれのワークに割り当てるということを行いました．それぞれのテーマごとにロゴを入れるような余裕があれば，なおよいでしょう．

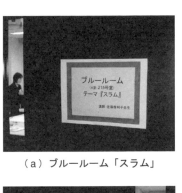

（a）ブルールーム「スラム」

（b）グリーンルーム「地球環境」

（c）レッドルーム「紛争後の復興」

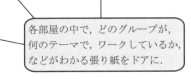

各部屋の中で，どのグループが，何のテーマで，ワークしているか，などがわかる張り紙をドアに．

図2.8　テーマ別にワークの部屋割りを行った例（国連ハビタットとの実習例から）

（3）自己紹介

　ワークに参加するメンバーは議論を進めるうえで，誰が誰であるかを最初にお互いにわかっておく必要があります．しかし，まち中での実践の機会であっても，また大学での実習であっても，お互いがどんな人かを全員が事前にわかっているケースはむしろまれです．さらに，ワークを進めるうえでお互いの名前を知っているだけでなく，お互いに打ち解けていることが，素直な意見を述べ合ううえで大変重要となります．初心者の人がお互いに打ち解けるための方法には，たとえば，ひとこと自己紹介，二択（○×）クイズ，インプロ（連想ゲーム）などといったメニューがあります[2]．これらは「打ち解ける」という意味で**アイスブレーク**といった名称で総称されたりもしています．

　余裕がある場合は，簡単な自己紹介用のスライドを各自が1ページ程度の量で充分なので，事前にパワーポイントなどで準備しておくようにするといいでしょう．図2.9がその一例ですが，名前のほかに，写真，趣味・特技，最近興味があること（マイブーム），ワークに参加するにあたってのひとことなどを添えると，お互いを理解するうえで効果的です．なお，このような自己紹介用スライドは，プレゼンテーションの際にメンバー紹介用スライドとして一連のスライドの最初に含めることも効果的です．

図2.9　個人紹介スライドの一例

　また，自己紹介をしても，個人の名前というのはすぐには覚えられるものではありません．このため，メンバーの名札（ネームプレート）を準備することも必要です．ただ，名札の文字はワークをしながらでも容易に読み取れる見やすさであることが求められます．一般の会社が開催するセミナーなどでは，図2.10の左側のように，名刺をプラスチック版に挟み込んで名札とするケースが少なくありません．しかし，こ

図 2.10 名札（ネームプレート）の悪い例（左）と良い例（右）

の方法では文字が小さく読みづらいのでおすすめはできません．また，名刺は組織や肩書きを背負うものであるため，自由な発言が期待されるワークの場にそぐわないという面もあります．図 2.10 の右側のように，ひらがな太字でわかりやすく名前のみを書き，シール方式で胸に貼り付ける簡便な名札が一番効果的です．

（4）役割分担

チームが決まり，自己紹介が済んだら，ワークをスムーズに進めるために，チームの中での役割分担を決める必要があります．ワークを進める各テーブルには，専門家としてファシリテータが外部から加わったり，大学の実習であれば上級生が TA（ティーチングアシスタント）として参加する場合もあります．それ以外のチームの構成員については，一例として下記の表 2.1 のような役割を割り振ることが想定されます．

注意が必要な点としては，リーダー以外の各役割の担当者はその業務を専属で行う任務を負っているのではなく，その業務を統括するのが役割ということです．ワーク

表 2.1　役割分担の一例

役　名	役　割
リーダー（班長）	全体の進行と必要に応じてファシリテートを担当する．
サブリーダー（副班長）	リーダーのサポートを行う．また，リーダーがその役を担えない状況が発生したときにリーダーの役割を担う．
書記（記録担当）	ワークで行われたことの記録に責任をもつ．
データ管理担当	アンケートなどを実施した場合，そのデータの扱いに責任をもつ．
渉外担当	ワークを進める過程で，外部の関係者へのヒアリングの必要などが生じた際，その連絡対応の責任を担う．
物品担当	ワークを進めるうえで必要な物品を揃え，また適宜補充を行う．

＊書記以下の役割については，その担当者のみが作業を行うより，持ち回りで担当するほうが一人あたりの作業量を均一化できたり，トレーニングになる場合もある．

を進めていくと，メンバーにはそれぞれ個性や強みがあることもわかってきます．たとえば，渉外の役割一つ取り上げても，外部との連絡をすべてその担当者一人が担うということではなく，どの関係先には誰が連絡を取るのが最も適切でうまくいきそうかを見極め，その連絡業務の全体をコントロールすることが渉外係の役割です．

ちなみに，このような最初の役決めがスムーズに決まるチームはおおよそにおいてワーク全体がうまく進む傾向にあります．先述したとおり，専門家としてファシリテータが外部から参画する場合もありますが，なるべく構成員の中でチームリーダーを決めて，その人が必要に応じてファシリテート役を担うということが期待されます．なお，大学の実習の場合は，その実習を過去に経験したことのある上級生にTAをしてもらい，ファシリテータを担当してもらうとよいでしょう．また，院生などの読者の方は，そのようなTAの募集があったら，参加していただけると，ファシリテート能力を身につける訓練になりますし，担当教員にとってはありがたいことでしょう．

自己紹介も終わり，役割も決まったら，以降相互に連絡が取れるように連絡先リストを作成します．あわせて，グループメールアドレスなど，メンバーに連絡を一斉送信できるような手段を用意しておくとよいでしょう[†]．ただし，これらは個人情報なので，その扱いには注意を払う必要があります．なお，1回のみの一期一会型ワークの場合は，必ずしも連絡先リストは必要ないと思われますが，後日メンバーに連絡を行う必要が生じることもあり，やはりリストは作成しておいた方がよいでしょう．

2.2 テーマを考える：ブレーンストーミング

さて，ここまでさまざまな準備を進め，ようやくテーマ決めに入ることができます．ここでは事前にテーマが定まっておらず，まったく自由に地域の課題からテーマを選ぶ場合を想定して話を進めます．

手順として，まず最初に，各自が個別に思いつく地域の課題を手許の付箋に思いつくだけサインペンで書き出します．この付箋はあとでボードに貼り付けてメンバー全員で見ることになりますので，なるべくわかりやすく，簡潔に記入することがポイントになります．具体的には，図 2.11 の右側のような単語（キーワード）を基本とした表現が望ましいといえます．左側のような文章による詳細な記載をしてしまうと，結局その付箋は読み取ってもらえないということになります．

[†] 連絡体制の準備や連絡に，LINE などの便利なコミュニケーションツールを活用するのもよいでしょう．

2.2 テーマを考える：ブレーンストーミング

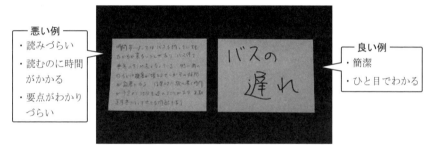

- 悪い例
  - 読みづらい
  - 読むのに時間がかかる
  - 要点がわかりづらい

- 良い例
  - 簡潔
  - ひと目でわかる

図 2.11　付箋への課題の記入の悪い例（左）と良い例（右）

◆ポイント◆

　どのような付箋やペンを使うのがわかりやすいかについても，配慮が必要です．最近の文具の進化はすばらしく，付箋だけを取り上げても図 2.12 に示すように廉価で多様なタイプの製品化が進んでおり，その場にあったものを楽しみながら試してみるのがよいでしょう．一般には，ある程度サイズの大きな横長のもので，粘着力が弱くないほうがよいといえます．ちなみに，本分野の草分け的存在である文化人類学者の川喜田二郎氏により，専用ラベル（KJ ラベル）も考案されています．また，サインペンについては，付箋などに書きやすくかつ見やすいものが向いています（個人的にはぺんてる社のものが使いやすいと感じています）．なお，付箋にもサインペンにもさまざまなカラーがあるため，少し心に余裕をもって，下記のような観点で色やサイズの使い分けをすると，より議論がわかりやすく，進めやすくなるでしょう．

- メンバーごとに用いる付箋（サインペン）の色を変える．（誰の提案かがひとめでわかる）
- 似た指摘事項については同じ色の付箋（サインペン）を用いる．
- 複数の指摘事項をまとめるような，上位概念に相当する付箋には大型付箋を用いる．

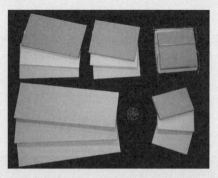

図 2.12　さまざまなタイプの付箋．右上は粘着力の強いもの，左下は特注サイズ（210 mm × 75 mm）．

さて，手元でひととおりの課題の記入を終えたら，それをホワイトボードや模造紙に貼り付けていきます．複数の人が同じ課題を取り上げる場合も多く，それらの付箋は一つの場所にまとめていき，付箋のグループを形成できるようにしていきます．この作業過程において議論する中で，新たに思いつく課題も出てくるはずなので，それらは遠慮なく新たな付箋に記入して貼り付けていきます（図 2.13）．このような意見交換をしながら新たな候補を出し尽くしていく過程を**ブレーンストーミング**（brainstorming）といいます．ブレーンストーミングでは隠れた案を出し尽くすことを目的としているので，議論の流儀として人が出した案を批判や否定するということは行いません．多少的外れな意見が出てきてもポジティブに対応し，さらに出てきた案から連想してさらに新しい案が出せないかに注力します．もうこれ以上は新しい案はない（出し尽くした）というところまで行くことがこの段階では大切です．

図 2.13　類似した内容の付箋をグループ化していく

◆補足◆

> 近年では，このようなブレーンストーミングを集中的に実施する機会を指して，**アイデアソン**（ideathon）という用語が，とくに IT 業界などで用いられるようになっています．これは，アイデアとマラソンを掛け合わせた造語です．ソフトウエア開発などに特化した集中的な作業イベントとして，**ハッカソン**（hackathon）（ハック＋マラソン）という用語もあります．まちづくりにかかわらず，集中的にアイデアを出し合うことで新たな発想が拡がるということは，どの分野にも共通といえます．

2.3　テーマを絞る

記入された付箋がある程度の枚数に達すれば，それらをメンバー全員が確認できるようにホワイトボードや模造紙に順次貼っていきます．類似の内容を記載した付箋は

当然複数出てきますので，それらは同じところに固めていき，付箋のグループを形づくっていきます．議論を通じ，新しい事柄が思い浮かべば，それをまた付箋に記入し，追加して貼り付け，またそれをどのグループに含めるかを考えていきます．複数のグループが形成されてくれば，今度はグループ間の類似性や因果関係にも着目し，ボード全体の中で各グループの貼り付け場所も適宜再構成を行っていきます．

　このような進め方で課題の意見交換を進めていき，問題の全体構造を整理する中で取り組むべきテーマを絞り込んでいきます．この作業は，各自から出された課題について，何が類似しているかを考えるだけで整理が進むので，誰でも取り組める方法といえます[†]．

　議論を経て整理した課題の見取り図は，必ずその場でデジタルカメラなどを利用して記録を取っておきましょう．また，この情報はメンバー間でシェアして共通の前提としておくことが大変重要です．図 2.14，2.15 に，付箋をグループ化した事例を例示します．これらの例からも明らかなように，出された付箋がすべてきれいにどこかのグループに類別されるという性格のものでは必ずしもありません．また，複数のグループに該当する付箋も存在します．

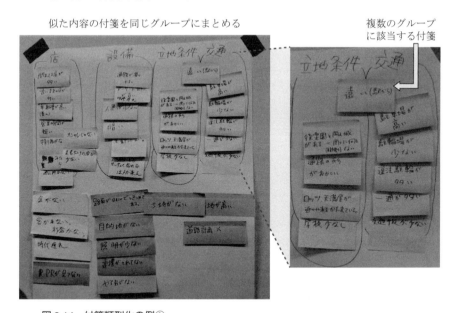

図 2.14　付箋類型化の例①
（中心市街地の活性化を問題意識としたブレーンストーミングの際のもの）

[†] このようなテーマの絞り込みに関する体系的な解説書もいくつか出版されており，しっかり学びたい方は先述した川喜田氏が KJ 法として提案された参考図書 3) で学習されるとよいでしょう．

図 2.15　付箋類型化の例②
（公共交通・道路空間の課題を問題意識としたブレーンストーミングの際のもの）

2.4　テーマの決定

　さて，以上のようにテーマの絞り込みまではプロセスを追って客観的に淡々と行うことになりますが，絞り込まれたテーマ案から最終的にどうテーマを決定するのかという行為は，主観の交じる意思決定の問題になります．筆者が担当している大学の実習では，テーマの絞り込みまではとくに意見が割れるようなことはありませんが，最終的にテーマを決める段階で，班の中の意見が割れることも少なくありません．

　テーマを決定するうえでの着眼点として重要だと思われることは，そのテーマに，「意味があって」「適度な難しさ」であるかどうかということです．ちなみに，実習の現場においてですが，個人的によいテーマ設定と感じるのは，

- 小さな問題でもよいので，そのまちや世の中で実際のニーズがあるテーマ
- すぐにできてしまう軽すぎるテーマや，またその逆に明らかに膨大な調査を行わなければならないような重たすぎるテーマには該当しないこと
- メンバー全員がそれぞれの役割をもてるような取り組みにできそうなこと

といった3要件を満たしたものです．

　そのテーマでよいかの判断は，いままでにワークに取り組んだ経験が不十分な市民や学生だけで必ずしも十分にできるものではありません．テーマ決めの最終的な判断は，大学であれば教員の，実際のまちづくりの現場であれば行政担当者やコンサルタントなどの，いわゆるプロの出番がある場面でもあります．

◆ポイント◆

　せっかく取り組む課題なので，過去に実施された取り組みと同じことはやらないように注意することが重要なポイントです．また，メンバーの生活範囲で目が届くことからテーマを選ぶことになるので，その視野が狭い範囲に限定されていないかどうかにも注意しなければなりません．たとえば，学生の実習の場合，自転車駐輪問題，通学バスの遅延問題など，特定の問題に特化する傾向があります．実際に，本人にとって大きな問題であることはよくわかるのですが，そのような問題は過去に同じパターンで何度も取り組まれてきて，それでいて問題が解決できていない可能性が高いといえます．すなわち，過去の取り組みを超えられる見込みがないと，テーマとして設定することは適切とはいえません．過去に同じ問題意識のもとでどのような取り組みがなされて，どれだけの成果が出せたのかの確認が，テーマを実際に決めてしまう前に必要となります．

　また，地域の問題解決のためには，その現地をよく知っておくことが必要不可欠です．それゆえ，必要に応じて現地に行くことが（時間的にも，金銭的にも）容易であるということも大切な要件になります．テーマを決める前には，図 2.16 のように，現地の位置を地図などから確認しておくとよいでしょう．

図 2.16　現地の場所を確認：簡単に見に行ける場所ですか？

　さらに，地域で解決が必要とされる旬の話題もその時々に応じて推移していますので，日頃から地域でのニュースや取り組みの話題に注意を払っておき，活きのよいテーマや，近い将来に着目されるであろうテーマをうまくつかまえることができるように心がけておくことも大切なことです．そして，一番大切なことは，一度そのチームが特定のテーマに対して取り組むと決めたのなら，そのチームのメンバーは，たとえ当初は違うテーマを推していたとしても，その決定したテーマでの取り組みに協力して全力を注ぐということです．

参考文献

1) 原田昇編：交通まちづくり，地方からの挑戦，p.88，鹿島出版会，2015.
2) 堀公俊・加藤彰：ワークショップデザイン，日本経済新聞出版社，2008.
3) 川喜田二郎：発想法，中公新書，1967.

Chapter

3

ワークを軌道に乗せる

知識よりも無知のほうが自信を生むことが多い.
―― チャールズ・ダーウィン

本章では，ワークを行うにあたって，そのテーマを固めるまでの立ち上げの段階における手順と注意事項をまとめます．まず，取り組みを進める以前に，せっかく行った意見交換がやりっぱなしになって無駄にならないよう，その記録の取り方から基本を学びます．つぎに，テーマを固めていくうえで，どのような情報にどうアクセスするかを整理します．そのうえで，対象となる現地の確認をするうえでのポイントを整理します．最後に，テーマの方向性が見えてきたら，取り組み自体のキャッチフレーズをどう考えるかというところまで，具体的な事例をあげて解説を行います．

3.1 何をどこまでやるのか

大学の実習などで多いことですが，地域・まちづくりワークを進めるうえで陥りがちな典型的な失敗例として，「テーマが決まりました．では，それについてアンケートをやります．」という，いきなりアンケート調査のプロセスに入ってしまうパターンがあります．わからないことはアンケートで聞いてしまえばわかるだろう，という発想なのかもしれません．しかし，以降で説明するとおり，このような短絡的な考え方では，単にそのワークが失敗するだけでなく，周囲にも迷惑をかけてしまいます．アンケート調査は確かに有力な調査手法ですが，5章においてその詳細を解説するように，アンケートを実際に実施するかどうかの判断も含め，それより前に検討しなければならないことが数多くあります．

テーマの決定自体にもおそらく間接的に影響することですが，まず最初に考えるべきこととして，メンバー構成や時間制約から考えて，自分たちがどの程度のことまでできそうかを最初におおよそでよいので把握しておくことが不可欠です．具体的には，1回きりのワークショップでの取り組みでも，また複数回の時間が準備された実習のような取り組みでも，それぞれの時間的制約と人的資源に応じた**ワークプラン**（スケジューリング）を共有しておくことは成功への第一歩です．ほとんどのケースにおいて，これぐらいのことはできるだろうと自信を持っていても，後半部の取りまとめやプレゼンの準備に意外と時間がかかることにあとから気づき，最終的に大慌てになるということが少なくありません．本章の扉の言葉にもあるように，大丈夫と根拠もなく思っていたとしたら，それは要注意です．調査もアンケートも，何回も実施可能というわけではないため，本当に必要なことを必要最小限の労力でできるよう全体を設計する必要があります．そのためには，最初の準備段階での下調べが非常に重要になってきます．つまり，テーマとして取り上げた事柄の関連事項について，まず最初にある程度の時間をかけて，基本的な情報を独自に収集しておく必要があります．そ

うすることで，有用なアウトプットが得られる可能性が各段に高くなります．

　最初に行うこのようなスケジューリングの議論においても，意見交換のポイントがあとから振り返ってわかるだけの簡単な**議事録**を取っておくことが必要です．つぎに集まった際に，前回何をしていたのかを最初に思い出しながら振り返らなければならない進め方は極めて多くの時間をロスします．実習などのようにワークが複数回続く場合は，各回の終了時に次回までに行ってくることを相互に確認し，その日のうちにそのような"宿題"までを記載した議事録を全員に担当者よりメールなどを通じて配布することが進め方として望ましいといえます．ここでは参考までに，実際の議事録サンプルを表3.1に示しておきます．この例では，まち中から書店が廃業して消えて行ってしまうことを問題意識として，その対策のあり方をテーマとして確定したあとに，今後の方向性を議論した際のものです．初回の議事録なので後半部分の内容はまだまだ不十分ですが，この程度の整理は最初に行っておくことが必要です．

表3.1　議事録の例

今後の方向性

2016/04/22　文責：片山、中島

1.　情報整理

a）日本の本屋業界を巡る、仕組みや法制度の調査・海外との比較
　1.　出版社と取次業者との関係性
　2.　返品制度
　3.　再販制度が与える影響
⇒ どうして取引業者は中小の本屋と取引しないのか
⇒ 中小の本屋を守るために必要なことが明らかになるかも

> 調査方法：26日までにネットで調べ、知識を深める。分からなかった部分については、今後、中間発表前までに※※堂関係者、中間発表後に取次業者に詳しく話を聞く。

b）ネットの台頭による本、本屋の役割の変化の調査
　1.　電子書籍が紙媒体の本に与えた影響
　2.　ネット通販が本屋に与えた影響
　3.　本屋自体の多様化（店舗面積の拡大、カフェ併設、コンビニ・CD店といった複数商品の販売）
⇒ 電子書籍にはない紙媒体の強み、ネット通販にはない本屋の強みを知る

> 調査方法：26日までにネットで調べ、知識を深める。友達とかに利用者がいれば話を聞く。3.については中間発表後に実地調査も行う。

c) 本屋の立地の調査
　　1. 郊外と都市部との違い（営業形態の違い、つくば市に関してはどうなのか）
　　2. 全国の本屋の分布を調査
⇒ 今後の日本での本屋の動き
⇒ 今後のつくばの本屋の動き

> 調査方法：1. は 26 日までにネットで調べ、知識を深める。
> 　　　　　2. は中間発表後に取次業者へのヒアリング。

d) その他、社会の変化が本屋に与える影響（活字離れ・人口減少）

> 調査方法：26 日までにネットで調べてくる。

2. つくば市への直接の影響の調査（調査しながら具体化をする）
・利用していた人数、年齢層の調査
・アンケート調査
　　− ※※堂を使っていた人はどこに買いにいくようになったのか
　　− ※※堂がなくなってどう思うか
　　− つくばに必要な本屋とは

3. 本屋の多様性・まちの個性の調査
・住民、まちのニーズにあった本屋は中小規模の本屋に多いのでは
　　→ 5/2 までにまちと一体化した本屋をネットから調査（二子玉川、神保町など）
・中間発表後に大型店への聞き取り（立地を選んだ理由、本の選別方法、まちとの関連性）
　　→ 出版社と書店による、店頭での営業戦略の実態を知る

4. 最終発表目標（案）
各項における情報整理やつくば市への影響、本屋の成功例の調査をもとに
　　・つくばにあるべき本屋を提案する
　　・今後の本屋廃業における新しい解決策の可能性を探る（例：取次業者廃業の際、本屋
　　　がとるべき行動など）
の 2 点を提案する。

　なお，このようなまとめとしての議事録とともに，打ち合わせ時の議論の内容など
もホワイトボードや黒板などに適宜書くようにしておけば，それらをデジタルカメラ
などで記録することで，あまり労力をかけずに議事録を補強する情報とすることがで
きます（図 3.1）．

図 3.1 ホワイトボードでの議論の記録例

3.2 重要文献などの基本情報をおさえる

テーマとして取り上げた事柄を調べてみるには，最初はネット検索してみる，ということが一般的に行われることでしょう．ネット検索は確かに手軽で便利ですが，下記の点に注意して対応する必要があります．

- ネット情報は正しいとは限らない：

 インターネットに書き込みを行っているのは記載事項に関してさまざまな利害関係をも有する個人であり，また，ネット情報の多くは客観的に正しい内容かどうかのチェックのプロセスを経ていません．このため，特定の利害に基づいて偏った情報が記載されていたり，間違ったままの情報が引用されていることが少なくありません．Wikipedia[†] なども便利な情報源ではありますが，活用する場合は注意が必要です．

- すべての情報がインターネット上にあるわけではない：

 多くの貴重な情報がネットとはまったく無縁のところに存在します．むしろ，インターネットで誰もが得られる情報は，情報としての価値があまりないと理解した方がよい場合も少なくありません．また，インターネットにあがっている情報は永遠に存在するわけではなく，時が経つにつれ，削除されてしまったり，リンクがはずれてしまったりすることもあります．

[†] Wikipedia（ウィキペディア）とは，誰でも閲覧や編集ができるインターネット上の百科事典です．

28 第3章 ワークを軌道に乗せる

インターネットであれ，それ以外の情報源であれ，ほかから得た情報はその情報を得た時点でその情報源をきちんと記録しておくことが必要です．ワークの中では一度調べた情報を再度確認する必要が生じる場合も多く，そのような場合はこの記録があることで手間が省けます．ちなみに，十分な指導を受けていない未熟な学生がワークに取り組んだ場合，プレゼン時に調べた内容について質問を行うと，「ネットに載っていました」という回答が返されることがあります．さらに，それに対してどのようなサイトに掲載されていたかを質問すると，「ネットだということしか覚えていません」という回答が返ってきてがっかりします．これは，ワークとしては極めて残念なケースです．インターネットであれ，それ以外の情報源であれ，公表する際には，どこから情報を得たのかは必ず明記して残しておかなければなりません．さもなければ，8.3 節に示すように盗用の謗りを受けることもあります．このような情報源の管理や記載の習慣は，ワークを行う者の最も重要な素養の一つで，ネット検索から情報を得たのであればその URL 情報と閲覧日をもあわせて記録し，成果の一部として用いるのであればその引用元情報をあわせて公表しなければなりません[†]．

ワークを進めるうえで，ネット情報にも増して重要なのは文献情報です．とくに取り上げたテーマに関連する論文や専門書などがあれば，それらは逃さず把握しておく必要があります．論文の中でも審査付き論文であれば，その中身のチェックが査読員によって厳重になされたものと理解され，ネット情報にはない一定の品質保証がなされていると見て問題ありません．

なお，自分たちが行おうとしているテーマについて，過去にまったく同じ内容で実施された論文や専門書がもしも存在したとすれば，自分たちがこれから行おうとしているワークは意味がないことになります．そのような本質的なことについて，ワークが終わってからはじめて類似の取り組みが過去に存在することを知ったとすれば，それは大きな徒労感を感じるところとなります．その意味で，最初のうちに類似した取り組みが過去にあったかどうかを調べつくすのは大変重要なことです．一方で，もしも過去に類似の取り組みがなければ，取り上げたテーマを行ってみる価値はあるということになります．しかし，そのテーマは難しすぎて過去には誰も達成できなかったため，何も記録が残っていないという可能性についても，同時に頭の片隅に置いておくべきです．

文献情報であれ，ウェブページの URL 情報であれ，見つけた際に記録しておかないと，あとから再度出所を求めて同じ情報を探り当てることは大変な労力になります．先述のとおり，調べたらその場で出所を記録する習慣をつけることがとても大切です．

[†] 記載例としては，章末の参考文献 1) の各事例を参考にしてみてください．

◆注意◆

　プレゼンなどの際，調べた情報をこれでもかと羅列するケースがありますが，洗練されたプレゼンとはいえません．プレゼンの基本は後述するように，ワークの過程で実際に調べましたということをアリバイとして示すのではなく，発表を聴いている人がよくわかるように伝えることが目的です．このため，ワークの開始時においてしっかりと調べた多くの文献情報について，プレゼンとして必要最低限のものだけを最後に残す取捨選択を行うことが大切になります．ちなみに，文化人類学者の梅棹忠夫は，『本は何かを「言うために読む」のではなくて，むしろ「言わないために読む」のである．』という非常に示唆に富む言葉を残しています．

　ちなみに，先の文中で，誰にでも見ることができるような情報は情報としての価値は低いということを指摘しましたが，漢字というものは誠に奥深いもので，「情報」という二字熟語自体に重要な意義が含まれていると感じています．それは英語でいうところの単なる information という意味を超え，「情け」に「報いる」という漢字構成をしているということです．日頃の情けに報い，あなたにだけは特別にこのことを伝えたいという「何か」が本来の意味での情報にほかなりません．ワークの中では，このような本質的な意味での情報をインターネットや文献以外からも得る機会をもつことができれば，よりすばらしい提案ができる可能性が高く，それはひとえにチームのメンバーが日頃から周囲に「情け」をかけているかどうかで決まってくるといえましょう．

3.3　現地を見る

　具体的な場所や地域を対象にしてワークを行うのであれば，まず，その現地を見ないことには現地のことは語れません．現地を見ないで語られる提言ほど空々しいものはありません．また，だからといって何の心構えも下準備もしないで現地に赴けば，大事な情報を見逃してしまう可能性もあります．あとから気づいて何度も現地に赴く必要が生じないよう，効率的な準備を行う必要があります．現地に行く際に何をどのように見て調べればよいのかといったことについても，すでにいくつかの参考書が出版されていますので，詳しくはそちらを参照してみてください[2]．ここでは，とくに大事なことに絞って，紹介します．

(1) 現地訪問時の留意点

現地訪問を行ううえでの留意点には，下記のような事項があげられます．

（ⅰ）記録写真を現地の風景なども含め，きちんと撮るようにすること．このことがきちんとできていれば，現地に行き直さないといけない回数は減少します．また，ここで撮影した写真や動画は，最終プレゼンなどの発表用資料として用いることもできます．写真などは現地情報の基礎となるものなので，その取得のための基本的な技術情報については，次章の「地域データや情報の把握」で整理します．

（ⅱ）個人や，個人の家屋などの撮影を無断で行うことは望ましくありません．許可を得てから撮影するというのが原則です．

（ⅲ）私有地に無断に立ち入らない，田畑などに足を踏み入れない，危険な箇所に注意を払うといったことは当然です．

（ⅳ）現場で何らかの調査活動を行う場合は，関連する公共機関に事前に許可を得なければならないケースもあるので，注意が必要です．たとえば，道路を占有する場合は警察や県や市など，公園を利用する場合は市の管理部局など，駅の利用者に調査を行う場合は鉄道会社，また，商業施設で実態調査などを行う場合はその施設の運営主体より許可を得る必要があります．

（ⅴ）まち中で活動するうえでは，不審者と誤解されないような気配りが必要です．たとえば，図3.2に示すとおり，学生がまち中で調査活動を行う際は大学の腕章を

図 3.2　現地調査での腕章着用例

使用することをおすすめします．ちなみに，このような腕章は大学職員が入試などの業務を行う際に利用されるケースも多く，したがって，紛失してしまわないように注意が必要です．一般のワークにおいては，お揃いのビブス（衣服の上からかぶるベスト状のもの）などを準備してもよいでしょう．

（2）ツールの活用

最近ではいろいろと便利な新しい機器が使えるようになり，現地調査においてもそのような道具の活用が期待されています．たとえば，筆者が学生との現地調査において大変重宝しているのが，図3.3のような，まち歩きツールキットです．グループで現地見学に赴くと，だいたいの場合において移動しながらの説明となり，案内担当者の声が伝わるのはグループの最前列にいる人だけといったことが各所で生じています．また，そこで後ろまで聞こえるように声をあげようとすると，その声は大きすぎて周囲への迷惑となります．案内担当者が普通に話す言葉で全員にその解説が行きわたり，かつ周囲の迷惑にならないこと，といった諸条件を満たすうえで，本ツールキットは最も適しているといえます．実際に使用しているシーンとして，図3.4のような

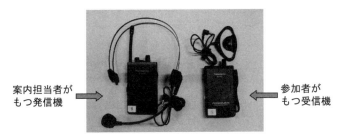

図3.3 まち歩きツールキットの例（発信機と受信機）

図3.4 まち歩きツールキットの活用例

使い方があります．

　現地見学にはそのニーズにあわせてさまざまな行い方が考えられます．ワークのメンバーだけで興味あるところを回るという方法もありますが，現地をよく知る専門家の方にお願いして説明を加えていただくことも有益といえましょう（図3.5）．また，たとえば，高速道路の地域への整備効果を考えるといったテーマを考えた場合には，その高速道路が建設されている現場そのものを見学しておくといった経験を積んでおく（図3.6）ことも，深みのある議論を進めるうえでは有効な取り組みです．

図3.5　専門家の説明による現地の視察　　　図3.6　高速道路の整備効果をテーマに，
　　　（スマートシティの実例）　　　　　　　　　　開通前の建設現場見学

　近年では，ドローンが廉価で入手できるようになったため，空から現地を自由自在に観察するということも以前よりずっと簡単にできるようになりました．高いところから見るということは，地域の全体像を把握するうえで非常に重要であり，またある意味もっとも簡単な方法です．なお，ドローンを自由に使用してよい地域と，そうでない地域は事前に指定されていますので，実際に使用する前には，手続き的な面で何を行う必要があるか，注意を払うことが必要です．

3.4　キャッチフレーズを考える

　最終的にプレゼンテーション（発表）まで行うことまでを考えると，インパクトのある成果を提示するにはどうしたらよいか，それを事前準備の段階である程度考えておくことは重要です．少なくとも聴衆に対し，取り組みの主旨や内容を端的に伝え，かつ興味をもって聴いてもらうことができなければ，いくら精緻な調査や議論を行っても理解してもらえずに努力が無駄になってしまいます．このため，テーマが決まった初期の段階で，そのテーマをキャッチフレーズ（catchphrase）としてどう表現するかを考えておくことは重要です．

以下に，参考までに，都市計画の実習で筆者の担当したグループが提案した実際のキャッチフレーズを，その取り組み内容の簡単な解説とともに例示しておきます（下線部分が提案されたキャッチフレーズ）[1]．各フレーズの出来不出来も含め，受け取る側の個人の好みの違いも当然あるものと思われ，いずれが良くていずれが悪いという評価をとくに行うものではありません．なお，世の中にはこのようなときのために，ネーミングに関する情報を集めた書籍も何点か出版されています[3]．ちなみに，⑤や⑨などは取り組まれた当時のはやり言葉やテレビ番組を反映したもので，キャッチフレーズとしては当時の学生には受け取りやすかったと思われますが，時代を経て見るとその意味がわかりにくくなる可能性は高いといえます．

① <u>地球1コ分の暮らし</u>

われわれがいまの暮らしをこのまま続けた場合，環境面で持続可能かということは極めて疑問です．このワークでは，つくば市の平均的な居住者の暮らしによる環境負荷量を求め，全世界の住民がそれと同じ暮らしをした場合にその合計値が地球1個で吸収できる範囲内におさまる水準にあるかを試算し，その範囲に負荷をおさめるためには生活をどう変える必要があるかを提言しました．実際問題として，一般的にいわれているエコ行動だけではまったく地球1コ分の暮らしにおさまらないことを明らかにし，その是非は別として，いかに劇的な生活改善を前提としなければ持続可能な水準に達することができないのかを提示しました．

② <u>駅前でキスをしないで</u>

鉄道駅への自動車による送迎を「キス＆ライド」とよびますが，つくば駅前に無料一時駐車場が整備されたのにもかかわらず，キス＆ライドによる不法駐車車両で駅前道路が占拠されていることの問題解決をはかろうとしたものです．まず，実測を通じて短い時間帯に極度に多くの不法駐車車両が路上に発生することを数値として時間帯別に明らかにしています．そのうえで隣接した無料駐車場への誘導を警察や市に働きかけて実施し，路上不法駐車は一掃されました．また，その顕著な成果は地元新聞でも紹介されるに至りました．

③ <u>学校へ行こう　〜エコして得してよりあいプロジェクト〜</u>

2011年3月に発生した東日本大震災に伴い，大学などの公共施設各所で節電運動が展開されました．しかし，夏季において教職員や学生が各自の自宅で冷房を入れることを考えると，大学でまとまって活動するほうが実は効果的な節電につながることを，実際の電気使用量データを通じて明らかにしています．世の中ではクールシェア

という用語で後に一般化した概念を，このワークが最も早く提案していたともいえます．本ワークでは，単に節電による経費削減という単純なメリットに加え，人が集まることによるコミュニケーション効果にも言及し，学校がもつ社会的な意義をも再定義しました．

④ 毎日がフェスティバル

　中心市街地の賑わいが損なわれていく中，どのような対策が有効かを検討したワークです．幸い，対象としたつくば市の中心市街地は歩行者空間（ペデストリアン・デッキ）の面積が広く，また広範に広がっているため，その空間を利用して祝祭空間としてリニューアルすることが提案されました．本提案と並行し，実際に市によって週末（ワークでの提案は平日も含め，毎日）に歩行者空間上にマーケットを提供する実験が行われ，賑わいの喪失に一定の歯止めをかけることができました．

⑤ 高速バスよ，いつ乗せるの？　「今でしょ」

　つくば市において夜間の公共交通が不十分であることに着目し，すでに夜間に運行されていて市内では乗車扱いがされていない長距離路線バスが乗車扱いを行うよう，新たに提案したワークです．アンケート調査を通じて需要予測を実際に行い，それをバス会社に持ち込んで事業者側の理解を通じ，実際の運行にこぎ着けました．

⑥ あした何買って生きていく？

　高度成長期に開発された郊外住宅地では居住者が高齢化し，近隣にあったスーパーも撤退し，食料品の購入が近場で難しいフードデザートが発生しています．このワークでは，現地調査を通じてフードデザートの問題提起を行うムービーを新たに作成し，効果的な移動販売の導入方策に関する提案をわかりやすく行いました．交通弱者は明日の買い物にも困っているというメッセージが込められたキャッチフレーズです．

⑦ IMAGINE THE FUTURE　〜 死を想え 〜

　高齢化時代とは，すなわち死者数が増える時代でもあります．つくば市では外部からの移住者が多いため，将来的にお墓がまったく足りなくなるのではないかという問題意識から本ワークが取り組まれました．墓地の需要予測を将来的に行ったところ，各移住者のほとんどは郷里に墓地を有するため，実際のところ墓地不足は生じる気配はなく，むしろ新たに開発された墓苑の売れ行きが低調であることが，逆に明らかになりました．本キャッチフレーズの IMAGINE THE FUTURE は，ワークに取り組んだ学生が所属する筑波大学のキャッチフレーズであり，ブラックでありながら先の

ことまできちんと考えていないわれわれの本質を指摘する洒落の利いたフレーズ設定
となっています.

⑧ 書店消滅　〜 書店を救え,まちを救え 〜

　つくば市で営業していた身近な書店の廃業をきっかけに,まち中のさまざまな施設
がネット化などを通じて消失していく現実にどう向き合うかを問うたワークです.
個々の書店の営業自体が堅実でも,そこに本を卸している取次店が廃業することで,
連鎖的にまち中の書店が廃業せざるを得ない現実を,調査を通じて浮き彫りにしまし
た.キャッチフレーズ自体にとくに工夫やひねりはありませんが,目の前の問題をダ
イレクトに提示することでメッセージを発しています.

　(なお,p. 25 の表 3.1 は,このキャッチフレーズのワークの議事録です.)

⑨ 飲み屋は減るが役にたつ　〜 居酒屋で飲んでいけ 〜

　まち中での施設消失の一つとして,居酒屋もその数を減らしています.調査の結果,
学生個人の個別の部屋飲みの傾向が以前よりも強くなっており,コミュニケーション
の場としてまち中の居酒屋を活用してみてはどうかという提案を行ったワークです.
ちなみに,フレーズとして飲酒を過剰に薦めているのではないかという批判もありま
した.ワークの中身としては,各個人がどれだけの居酒屋活用があれば,どれだけの
店舗が成立するかを綿密な調査に基づいて冷静に算出しており,フレーズとは裏腹に
「覚めた」頭で分析がなされています.

▌参考文献
- -

1) 筑波大学社会工学類都市計画主専攻,都市計画実習最終レポートサイト:http://toshisv.
sk.tsukuba.ac.jp/jisshu/jisshu1/report/index.html (2018 年 8 月時点)
2) 西村幸夫・野澤康編:まちの見方・調べ方,朝倉書店,2010.
3) 学研辞典編集部:13 か国語でわかる新ネーミング辞典,GAKKEN,2005.

Chapter

4 地域のデータや情報の把握

創造性とは，誰も出来ないような斬新な考え方をする
他人とは質的に異なる「ユニークな能力」ではなく，
必然的に起ころうとしている発見を誰よりも早くつか
みとる「効率のよさ」のこと．

—— ロバート・K・メルトン

> ワークで取り上げる地域については，まず，その基本的な統計情報（データ）を知っておくことがさまざまな議論を進めるうえでの重要な材料となります．本章では，ワークで参考とされる機会の多い一般的な統計情報，および一味違う応用的な情報について，順を追って解説します．最近では，地域情報を簡単に提示できる Web サイトも次々に提供されており，かつてはなかったこうしたサイトはワークを進めるうえで強力なサポートになるので，それらの中から代表的なサイトについて紹介します．また，ワークにおいては写真も重要な情報ソースとなるため，その効果的な活用方法についても事例を交えて解説します．

4.1 基礎的なデータおよび地域情報

　地域における基本的な統計情報を把握するということは，人間に例えていえば，人間ドックで得られる身長，体重，血圧といった基本的なデータを把握しておくのと同じことです．地域においては，人口などの活動量データや施設配置などの諸情報がこれに該当します．それら諸情報を収集・理解することで，対象としている地域の体質や体調を把握しておきましょう．

　現在では，多くの基本的な情報はネットを通じて無償で入手できるようになっています．具体的には，**総務省統計局**のホームページから，調査名や分野別に必要な統計情報が検索できるようになっています[1]．公式な統計は基本的にはここでカバーされていますので，確認のうえ，地域でのワークを進める際に，基本的な統計量にどのようなものがあるかはよく理解しておいた方がよいでしょう．

　とくに，この総務省統計局のサイトにおいて，地域・まちづくりワークでよく使用するデータは「分野別に探す」というタグから「地域」というジャンルに入ると，各地域における人口・世帯，自然環境，経済基盤，行政基盤，教育，労働，居住，健康・医療，福祉・社会保障などの地域別統計データを入手することができます．

　なお，ワークで取り扱うテーマの性格に応じ，各データはどのようなゾーン（区域）のスケールや詳しさで把握しておけばよいのか，同時に時間的な流れの中で経年的な変化を見る必要があるのかなどについて，あわせて考慮しておく必要があります．

　また，統計データだけが地域情報ではないことにも留意が必要です．実際に地域情報として写真や動画もワークでは有効に活用されるため，本章の後段ではワークのための写真技術の基礎について簡単に触れておきます．また，次章では，本章で紹介するような統計データだけではカバーできない諸情報をどのように独自に取得するかについて，説明します．

4.2 応用的な地域データ

　上記したような基礎的な情報を通じて取り扱う地域の性格は把握することができますが，問題の核心にアプローチするにはそれだけでは一般に不十分です．テーマ内容に応じてそれぞれ独自に役に立ちそうな地域データを準備することが必要になります．以下に，筆者が現在までワークにおいて使用する頻度が高かった諸データを参考までに例示しておきます．いずれについても，ワークで実際に使用し，レポートなどに含める場合は，そのデータの出所を明記しておく必要があります．

（1）国土数値情報[2]

　国土数値情報は，地形，土地利用，公共施設，道路といった国土に関する基礎的な空間情報を提供するものです．こちらも総務省のデータベースと同様，インターネット上でダウンロードすることができます．とくに，地域の土地利用が経年的にどのように変化したかを空間情報として把握したい場合に大変有用です．土地利用は全国を100 mメッシュに区分し，利用区分として田，農用地，森林，荒地，建設用地（都市的土地利用），道路，鉄道，河川などに分類され，昭和51年以降，5年に1回程度の割合で調査がなされています．

　収集・提供される情報項目も定期的な見直しが行われており，近年では，道路ネットワーク（緊急輸送道路）やバスルート・バス停留所など，交通網の情報も充実しつつあります．

（2）国土地理院が提供する諸地図情報

　国土地理院は政府の公的な機関として，地域まちづくりワークを進めるうえで参考となる地図や空中写真などを数多く刊行・提供しています[3]．以前は紙媒体での販売しかされていなかった縮尺25000分の1の地形図などは，現在は**ウォッちず**（地理院地図）という名称で，日本国内の任意の場所がインターネット上ですぐに確認できるサービスが提供されています[4]．なお，このように便利なものができてしまうと，紙の地図がなくなってしまうのではないかという心配も個人的にはしています．

（3）電子電話帳データ[5]

　地域の実情を調べるうえで，対象地域のどこでどのような都市サービスが提供されているかを詳細なレベル（＝個別の店舗などの所在地レベル）で把握しなければならない場合が少なくありません．そのような際に便利なのが，**電子電話帳データ**です．

電話帳情報ですので，どこでどんな名称の店舗やサービス施設があるかという情報が個別に掲載されており，検索もできます．このデータの利点は，

・サービス提供ポイントとして住所が詳細にわかり，地域の中で具体的な場所が空間的に特定できる

・サービス提供主体は自主的に電話情報を公開しているので，網羅性が高いと考えられる

・毎年発行されており，経年的な変化をつかみやすい

・業種分類があらかじめ対応しており，分析にその分類がすぐ活用できる

といったことがあげられます．一方で，このデータの欠点としては，

・窓口の有無は把握できるが，その窓口を通じて提供されるサービスの量や質までは把握できない

・電話帳に情報を届けられていないものについては把握できない（もっとも，先述したとおり，サービス提供を通じて利潤を得ようと考えている者は通常は届け出るため，その割合は小さいと考えられます）

・業種分類が自己申告制であるため，厳密には客観的にその店舗などがどの業種に分類されるかが統一的に判断されているわけではない

といったことがあげられます．

　電子電話帳を経年的に活用すると，地域の中での施設の新設・改廃の空間的パターンがよくわかります．具体例として，図4.1に，つくば市周辺に2003年に存在した書店のうち，2015年までにどの書店が撤退したかを示します．電子電話帳には個別の店舗の住所が記載されているため，その場所情報を地図上にそれぞれ示すと，このような地図が書けます．土浦駅の周辺など，比較的交通の利便性が高いエリアからの撤退傾向が読み取れ，今後の中心市街地活性化政策などを考えるうえで重要な傾向を示しているといえます．

（4）グーグルアース（Google Earth）[6]

　グーグルアースはグーグル社が提供する衛星航空写真の閲覧ソフトで，誰でも無料で利用することができます．対象箇所表示の拡大・縮小を任意に行うことができ，また地域によっては過去の情報も簡便に表示することができるため，地域でのワークを進めるうえで非常に重要なツールとなっています．また，任意の場所で拡大していくと，地表レベルの道路から見た景観を提示する**ストリートビュー**[7]に自動的に切り

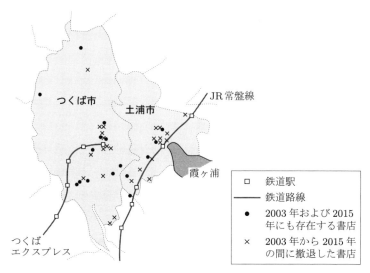

図 4.1 つくば市の書店分布の変化（電子電話帳の利用による）
［2016 年度筑波大学社会工学域都市計画実習，サステイナビリティ班の発表資料より作成］

替わるため，現地に行かなくとも現地の景観を事前に確認し，現場感覚に触れることが可能です．

なお，航空写真にしても，また現地の道路景観にしても，それがいつの情報であるかは考察を行ううえで重要です．各サイトに提示されている情報がいつのものであるかは必ずメモを取っておく必要があります．また，これらの情報を報告書やプレゼンで使用する場合は，とくに，その出典の明示の仕方がグーグル社によって定められていますので，その確認を怠らないようにしましょう．

（5）移動や交通に関するデータ

ここまで紹介してきた地域データや情報の多くは，そこがどうなっているか，という地点情報を示すものでした．それ以外にも，地域どうしは何らかのつながりや交流をもっており，そのような情報がワークにおいて必要なことも少なくありません．一般に地域間のつながりを示す代表的な情報は交通の実態です．対象としている地域が都市部であれば，**パーソントリップ調査（PT 調査）**[8] の集計結果を利用することができます．なお，手続きには時間がかかりますが，研究目的であればパーソントリップ調査元データの分析使用許可を取り，独自に対象とする地域レベルでの詳細な分析を行うことも仕組みとして可能になっています．

都市圏のスケールで実施されるパーソントリップ調査を都市圏パーソントリップ調査とよび，図 4.2 のように，平成 29 年 3 月までに全国 64 の都市圏において延べ 137

回の調査が実施されています．もし自分たちのワークの対象地域で調査がされていたら，簡単な集計結果などはホームページでも公開されている場合が多いので，調査結果を活用できそうか考えてみてください．

図 4.2　現在までの都市圏パーソントリップ調査実施状況（平成 29 年 3 月時点）
［出典：国土交通省資料］

なお，地域の道路利用の実態（混雑状況）などを知りたければ，**全国道路・街路交通情勢調査（道路交通センサス）**[9]のデータを利用することができます．

近年では，携帯電話の位置情報†を利用して移動の実態を把握することも可能になっています[10]．個人情報の扱いについてルール化が進めば，このような詳細な位置情報がまちづくりワークにおいてもっと活用されるようになっていくことが期待されます．

---

†　なお，携帯電話の位置情報データを使用するにはその内容に応じた料金がかかりますので，注意してください．

4.3 お助けツールの数々

ワークを進めるうえで，これらのデータを相互に比較したり，場所による分布の偏りを見たいといったニーズがよく生じます．そのような要望に応える際には一般的にGIS（**地理情報システム**：Geographical Information System）が活用されています．GISとは，地域に存在するさまざまな情報や地物を，コンピュータなどの地図上に可視化し，地域の特徴や傾向，諸情報との関係性をわかりやすく提示するものです．地域研究に関連する専門分野を教える学部や学科などでは，別途このGISだけを講義科目としてその習熟をすすめているところもあるほどで，高度なGISシステムではさまざまな応用が利く一方，それらをマスターするには一定の知識と時間が求められることも事実です．

このため，GISそのものに興味ある方は別の専門図書を参照してください．本書では，GIS活用によるメリットの例を示し，専門的知識がなくともワークにおいてすぐに活用可能な，無料で利用できるいくつかのツールを以下で紹介します．

（1）GIS活用によるメリット

GISを活用すると，たとえば，つぎの（2）で紹介する②都市構造可視化計画で作製した図4.3や図4.4のように，地図上に統計グラフを乗せて可視化することができます．さらに，下で図4.3と図4.4を横に並べたように，同じ地域の異なる統計データの可視化を並べることで，データ間の分析がしやすくなり，統計データの表だけでは見つけづらかったことが発見できることもあります．これらの例が活用された実際の政策検討を，GIS活用のメリットとして，以下に紹介します．

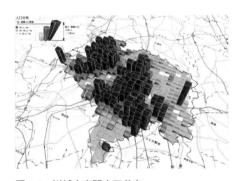

図4.3 川越市夜間人口分布
　［都市構造可視化計画[12]より地理院タイル地図データ，国勢調査を用いて作製］

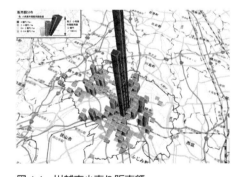

図4.4 川越市小売り販売額
　［都市構造可視化計画[12]より地理院タイル地図データ，商業統計調査を用いて作製］

44　第 4 章　地域のデータや情報の把握

　魅力ある歴史的な中心市街地を有する埼玉県川越市の政策検討の場において，すでに郊外に多くの商業施設が展開していることを考えると，コンパクトなまちづくりにどれだけの現実味があるのかといった意見交換がなされたことがありました．その際にこのような GIS を活用して都市構造を確認したところ，夜間人口については図 4.3 のような結果を，そして小売販売額については図 4.4 のような結果をその場で得ることができました．図 4.3 に示されたように，夜間人口分布から見て，川越市は，実際に人が住んでいる「居住地」とそうでない地区が，実は比較的しっかりと区分されています．一方で，図 4.4 の小売販売額では，都心のメッシュが他地区を圧倒的に凌駕していることもわかります．誰もがすでに郊外化して拡散した都市の構造になっていると思い込んでいたのですが，実際の都市構造をこのように確認すると，まったくそうではなかったということが簡単に示されたのです．このような川越市の実際の都市構造が確認されて以降，検討会ではより焦点を絞った実質的な議論が可能となりました．
　以上からわかるように，GIS はワークを進めるうえで非常に有効なツールなのです．

（2）すぐに活用可能な無料ツール
① 地図による小地域分析　jSTAT MAP[11)]

　総務省統計局と統計センターは，「統計におけるオープンデータの高度化」の一環として，小地域に対して，つぎのような機能をもった Web サイトの地理情報システム jSTAT MAP を提供しています．

　　・利用者の保有するデータを取り込んで分析する機能
　　・任意に指定したエリアにおける統計算出機能
　　・地域分析レポート作成機能

② 都市構造可視化計画[12)13)]

　都市の構造を瞬時に把握できるフリーツールとして，**「都市構造可視化計画」**を紹介しておきます．このツールは，福岡県，国立研究開発法人建築研究所，および公益社団法人日本都市計画学会九州支部都市構造 PDCA 研究分科会によって共同開発されたものです．使い方は，上記サイトに入って対象にしたい市町村と表示したいデータ項目を指定するだけで，メッシュレベルでの都市構造図が瞬時に表示されるようになっています．本ツールはグーグルアース上に表示しているところがミソで，見るスケールや角度を瞬時に自由に操作できるとともに，拡大することで各場所にどのような施設があるかを，またストリートビューまで降りることでそのとおりの景観さえもすぐに把握することができます．本ツールを使うと，先の川越市の事例で活用された図 4.3 や図 4.4 のような可視化を簡単にすることができます．

なお，本ツールは，このほかにも，高齢者人口，公共交通の利便性，そのほか一般に公開されている地域情報を広くカバーしており，一部のデータについては経年変化を簡便に図化することができるようになっています．また，洪水の際の想定浸水深など，防災対応のための情報もあわせて提供しています．

③ RESAS（リーサス）

RESASは，経済産業省と内閣官房（まち・ひと・しごと創生本部事務局）が提供している**地域経済分析システム**（Regional Economy Society Analyzing System）のことで，産業構造や人口動態，人の流れなどのデータをわかりやすく整理・表示するシステムです．政府の広報[14]やさまざまな解説書[15]を通じて，すでに多くの詳しい情報が入手できます†．

④ 統計ダッシュボード[16]

総務省は，統計データの利活用を更に推進するため，「**統計ダッシュボード**」の提供を行っています．統計ダッシュボードは，約5000の統計データを，「人口・世帯」や「労働・賃金」など17の分野に整理して収録しており，GISに直結しているわけではありませんが，統計調査名などがわからなくても，必要な統計データを探すことができます．また，月例経済報告などで取り上げられているおもな統計データを中心に，55のグラフを掲載しており，これらのグラフは，利用者の用途に応じて，関連するデータの追加・削除や，時系列比較，地域間比較などを簡易に行うことができます．

4.4　写真を味方にする

さて，何も，このような数字のデータだけが地域を理解するうえで必要な情報ではありません．たとえば，次章で整理するように，ヒアリングやアンケートなどの自前調査を通じ，これら統計的な情報だけでは捉えきれない地域のさまざまな情報を収集することも，多くの場合必要です．また，前章までに提示したように，さまざまな文献情報や現地訪問からわかることも貴重な地域の情報です．とくに，現地訪問を通じて得られる情報の中には，写真などの映像で伝えることが効率的でわかりやすいことも少なくありません．その場にいない人にまちの雰囲気を伝えるには，やはり写真が

---

† このように地域分析を行ううえでの基礎データをわかりやすく提示することに，政府が努力を払うようになったのは比較的最近のことで，大変望ましい傾向といえます．一方で，6章でも述べるように，統計的に誤りのない観点からこれらの情報をきちんと判別し，読み取ることができるとともに，必要な分析を自ら見出すことができるということが，これからはより一層重要になるといえます．

一番の道具です．本節では，地域情報を効率的・ビジュアルに理解し，伝える手段としての写真を取り上げ，ワークにおいて写真を味方につけるうえでの留意点を整理しておきます．

（1）プロである必要はない

　まちづくりワークにおいて写真を味方にすることは極めて有効なのですが，以下で解説するような写真情報のごく基本的な活用技術に関する解説を，まちづくりワークに関する図書で取り上げているものを見たことはありません．実際のところ，ワークで写真が活用されている例を見ると，何も考えず，予備知識ももたずにシャッターを押しただけというケースが多く，もう少し写真を味方にすることを考えた方がよいのではと思う機会が少なくありません．誤解がないように申し添えますが，まちづくりワークではプロの写真家のように高度で芸術的な写真を撮ることが要求されるわけではありません．現場の情報を伝えるうえで，少なくとも失敗しない写真が撮れれば十分なのです．なお，近年ではプレゼンテーションに動画を活用する機会も増えていますが，写真撮影の基礎が身につけば，動画はその延長線上にあることなので，本書での解説は省略します．

（2）使用するカメラとレンズについて

　最近ではスマートフォンに付属しているカメラもかなり機能向上しましたが，一眼レフやレンジファインダーなどのレンズ交換ができるカメラで撮影した写真に比べると，やはりまだ見劣りがします．その理由の一つに，図 4.5 に示すとおり，スマートフォンやレンズ交換ができないコンパクトデジタルカメラが内蔵している映像センサーのサイズが，1 型以上の面積をもつレンジファインダーカメラや一眼レフカメラに比べてかなり小さく，十分な画素数が確保できないということがあります．撮影状況に応じたカメラ側の簡単な諸設定もスマートフォンより一般のカメラのほうがはる

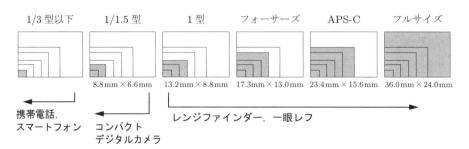

図 4.5　画質の違いを生むセンサーサイズの差

かに扱いやすいといえます．小型でもよいのでレンズ交換ができるレベルのもので，自分が扱いやすいカメラを日頃から準備しておくことをおすすめします．一般に，まちづくりワークではフルサイズのカメラが必要になるケースはあまりありませんが，フォーサーズやAPS-Cサイズのセンサーサイズをもつカメラを選ぶのが安全です．

レンズ交換のできるカメラでは，撮影したい範囲を的確に捉えるだけでなく，レンズ性能（レンズの明るさ）もレンズ交換できないカメラのレンズよりも一般的に優れているため，よりよい撮影が可能となります．レンズは広く景色を収めることのできる広角レンズから，望遠鏡と同じ原理の望遠レンズまで，焦点距離の異なるレンズが準備されており，図4.6の(a)と(b)に示すように，それぞれの目的に応じて使い分けます．ちなみに，まちづくりのワークでは風景を撮ることが多いため，標準から広角の範囲でレンズを用いることが比較的多いといえます．

（a）標準レンズによる撮影　　　　（b）超広角（フィッシュアイ）レンズによる撮影

図4.6　異なるレンズによる同じ場所の撮影

（3）典型的な失敗ポイント

ここでは，ワークの中で効率的に写真を活用できるよう，初心者が陥りやすい典型的な失敗例を紹介し，その解決のための解説を加えます．

① 手ブレ：

まちづくりワークでよく遭遇するケースは，せっかく撮ったのに，「手ブレ」によってその写真が使えるレベルにないという図4.7のような残念なケースです．写真が写るためには一定量の光をレンズから取り入れる必要があり，その光の量（光量）をどうマネジメントするのかということが写真撮影の本質です．具体的には，シャッターを開けておく時間と，光を取り入れるレンズ面積の掛け算で光量は決定します．このため，この二つの要素を「シャッター速度」と「絞り」としてどう組み合わせるかということが光量のマネジメントになります．単純にいえば，シャッターが開いている時間が長く（シャッター速度が遅く）なるほど光量を増やせますが，その

48 第4章 地域のデータや情報の把握

図 4.7　典型的な手ブレ写真

間に手が動いてしまう可能性も高くなるので，手ブレが発生しやすくなります．三脚などで固定すればシャッターを開けている時間が長くても手ブレは発生しませんが，まちづくりワークの中で三脚まで利用して撮影を行うケースはまれです．このため，光量が不足してシャッターを開けている時間を長くする必要が生じて，その間に手ブレが発生しそうな場合は，絞りをなるべく大きく広げることで，その解決をはかることになります．換言すれば，絞りを広く開放できる能力の高い（F値が小さい）レンズを用いておけば，手ブレによる問題は発生しにくいということになります．なお，近年では，手ぶれ防止機能を内在したカメラも多く発売されていますが，どのような機材を用いたとしても，シャッターを切る瞬間はカメラが動かないようにするということが基本です．

　一方で，図4.8のような写真はあえて動いている被写体（この場合は地下鉄）の動きを臨場感をもって伝えられるように，あえてシャッター速度を長くして流して撮影しているものです．手前の人間など静止している対象はブレていないため，いわゆる手ブレ写真ではなく，写真表現に意図を含んだ1枚ということができます．

図 4.8　被写体（この場合は鉄道車両）が動くのは，手ブレではない

② ピンボケ：

　焦点があっておらず，写したい対象が明瞭に写されていないケースです．一般的によく知られている概念なので，ここではとくに例示は行いません．近年の一般的なカメラはすべて被写体に自動的に合焦するオートフォーカス機能を搭載しているため，撮影時にその機能を活かして落ち着いて焦点をあわせることが最も簡単な解決策です．

③ アングル，構図：

　実際の空間をどの方向からどのような角度で撮るかということが「アングル」で，実際の空間をどのように写真の画面の中に切り取るかということが「構図」です．ここでの基本はまず，あなた自身がベストなアングル，ベストな構図が得られるよう動き回るということです．じっと同じ場所に座っていて，手許のズームレンズだけを操作することによる画角調整のみでベストのアングルや構図を得られることは極めてまれです．たとえば，図4.9の写真は，まち中での広い景観を見せたい場合には差し支えありませんが，特定の建物の特徴を見せたい場合には，対象が建物なのか，橋なのか，船なのか，海なのかはっきりせず，構図が散漫になっており，適していません．一方，図4.10の写真は，まち中での景観を見せる場合には不適切ですが，その建物の特徴を見せたい場合には，対象と構図が絞られ，どの建物をどう見せたいかという意図がはっきりしています．つまり，景観を見せたいのならば図4.9のように広く全体が写せるような場所へ，個々の建物の細かな特徴を見せたいのならば図4.10のように特徴がしっかり写せる場所へというように，同じ建物を写すにしても何をどう伝えたいかに応じて，そのためのベストなアングルと構図を求めて動き回ることが大切なのです．

図4.9　広く写すアングルと構図の撮影例（ドイツ・ハンブルク．図4.10の建物を撮ろうとした場合には不適切な写真）

図4.10　構図を絞った撮影例（ドイツ・ハンブルク，エルプフィルハーモニー）

50　第4章　地域のデータや情報の把握

　なお，写真に人物が入る場合は注意が必要です．近年は個人情報保護の関する意
識やルールが昔より厳しくなってきているので，撮影されている個人が特定できる
ような構図の写真においては，その利用において相手の了解を取ることにも配慮し
なければいけません．

④ 解像度（画素数）：

　最近のカメラは高い解像度を有する（画素数の多い）ものが多いので，その能力
をフルに活用した写真をまちづくりの場の発表資料として提供され，扱いに困るこ
とがあります．風景専門のプロ写真家が撮るような高い解像度の写真をまちづくり
では求めているわけではないため，ファイル容量を必要以上に大きくする必要はあ
りません．写真1枚に要するファイル容量として，2 MB ～ 4 MB もあれば十分で
す．画素数にこだわるよりは，上記したような① ～ ③の項目に配慮するほうが大
切です．一方で，スマートフォンなどで撮影する場合に解像度をあまりに低く設定
すると，プレゼンテーションや印刷資料とするときに写っているものの判別が十分
につかず，用をなさないということもあります．ワークにおける使用目的と操作性
の両方を考えながら望ましい解像度を設定しておく必要があります．

（4）定点観測のすすめ

　ワークの中で撮影したまちの写真は，撮影日時や場所などの情報をきちんと残して
保存しておきましょう．実は短期間の間に，まちの姿は結構変化します．その場所が
昔はどういう場所であったのか，どのような景観をしていたのかを知ることはまちづ
くりワークのうえで重要なことです．また，何年かあとに同じ場所で写真を同じよう
に撮ることで，労せずしてまちの変化をビジュアルに把握することができます．あと
になってから昔の写真を撮ることはできませんので，せっかくのまちづくりの機会を
活かし，あなたの対象地区の写真を撮影しておきましょう．

　たとえば，筆者が撮影したものですが，愛知県豊田市の中心市街地のまったく同じ
場所で同じ方向を向き，2018 年と 2003 年に撮影した写真をそれぞれ図4.11 の（a）
と（b）に示します．20 年もたたない間に，まちの姿はこれだけ大きく変わるもの
なのです．なお，書店のまちづくりのコーナーではなく，写真のコーナーにおいてある
写真集の中で，風景写真という視点で定点観測を重ねたものもあります．それらの中
には著者の意図である風景写真集という意味のほかに，まちづくりの**定点観測資料**と
して活用できる貴重な隠れた資料も少なくありません[17]～[19]．

（a）2018 年 7 月撮影　　　　　　　　（b）2003 年 1 月撮影

図 4.11　同じ場所の同じ方向からの撮影
（豊田市喜多町 3 丁目交差点より名鉄豊田市駅方向）

参考文献

1) 総務省統計局：http://www.stat.go.jp/
2) 国土交通省国土政策局国土情報課：http://nlftp.mlit.go.jp/ksj/
3) 国土地理院：http://www.gsi.go.jp/MAP/index.html
4) ウォッちず（地理院地図）：http://maps.gsi.go.jp/
5) 日本ソフト販売株式会社：https://www.nipponsoft.co.jp/products/blarea21.5/
6) グーグルアース：https://www.google.co.jp/intl/ja/earth/
7) グーグルストリートビュー：https://www.google.co.jp/intl/ja/streetview/
8) 国土交通省：PT 調査とは，http://www.mlit.go.jp/crd/tosiko/pt.html
9) 国土交通省：全国道路・街路交通情勢調査，http://www.mlit.go.jp/road/census/h27/
10) ドコモビジネスオンライン：モバイル空間統計 https://www.docomo.biz/html/service/spatial_statistics/
11) 総務省 jSTAT MAP：https://jstatmap.e-stat.go.jp/gis/nstac/
12) 都市構造可視化計画：https://mieruka.city/
13) 赤星健太郎：都市構造の可視化システムに関する研究，筑波大学博士論文，2017.
14) RESAS：https://resas.go.jp/（2018 年 8 月時点）
15) たとえば，地域人別冊，地方創生に役立つ！「地域データ分析」の教科書，大正大学出版会，2017.
16) 統計ダッシュボード：https://dashboard.e-stat.go.jp/
17) 企画編集中西元男，編集協力 PAOS・早稲田大学戦略デザイン研究所：脈動する超高層都市，激変記録 35 年，ぎょうせい，2006.
18) 渡部まなぶ：都市再生千フィート今昔，中経出版，2007.
19) 富岡畔草・富岡三智子・鵜澤碧美：変貌する都市の記録，白揚社，2017.

Chapter

5

自前調査の進め方

人は実際に商品を見るまで，自分が何を欲しいのかを
知らない．

—— スティーブ・ジョブズ

> 　地域の実情を理解したり，その課題の解決をはかるうえで，公開されている統計情報だけで事足りる場合はそれほど多くありません．このため，ワークの中で十分に時間が取れるなら，自分たちで独自にヒアリングやアンケートを行うことが一般的です．いわゆる自前調査です．このうち，ヒアリング調査では，ワークを進めるうえでの基本的な情報を得ることを目的に，対象者は少数でも深堀りした情報収集や意見交換を行います．一方で，アンケート調査では，統計的に意味のある結果を導こうとする意図のもとで，たくさんの人に対してその意見を尋ねます．いずれも独自に実施するということでワークの中でも創造性が発揮できる楽しいパートであるはずですが，基本をきちんと押さえないと失敗しやすいのも事実です．本章では，これら自前調査が悩みなく実施できるよう，その基本事項を体系的に説明します．

5.1　自前調査の基本

　自前調査では，自分たちの知りたいことを掘り下げて明らかにできるという利点がある反面，いい加減な取り組みを行うと自分たちの貴重な時間をロスするだけでなく，社会にも迷惑をかけてしまいます．ワークの初心者はとかく何も考えずにアンケートを行えば何とかなると考えてしまうケースが少なくないため，とくに注意が必要です．なお，このような自前の調査は一般的には「**社会調査**」として総称されており，その方法論を詳述した多くの優れた参考書がすでに提供されています[1)2)]．

　ワークにおける自前調査を成功に導くための大切なポイントは，以下の2点に集約できます．

（i）その調査で知りたいことを本当に知ることができるのか？

（ii）その調査で人に迷惑がかかることはないか？

　このうち，（i）については，自分がわからないことは誰か人に聞けばいいだろうという安易な姿勢で自前調査に取り組もうとしていないか，まず自問することが必要です．とくにアンケート調査でよく生じるミスとして，そのことをその人に尋ねて適切な回答が返ってくるのかどうかをよく考えていないケースが散見されます．本章の扉の言葉にあるとおり，「人は実際に商品を見るまで，自分が何を欲しいのかを知らない」のです．「将来何が欲しい？」と尋ねられても，タブレット型端末があればいいだろうという回答は，それがなかった時代の一般人からは出てこないのです．同じ意味で，「将来この地域にどんな機能や施設があるべきですか？」といった設問はこれと同じ問題を抱えています．

（ⅱ）は当然のこととして誰もが理解していますが，どのようなシーンにおいてどんな人に迷惑がかかる可能性があるかということは，経験を積まないと十分にわからない部分もあります．いずれにせよ，自前調査の途中で何か迷うようなことがあれば，この「人に迷惑がかかることはないか」という基本的な確認に立ち戻ることが必要になります．すべての事例はあげつくせませんが，周囲に迷惑をかけてしまう典型的なパターンとして，以下のような例があげられます．

　①説明不足　　　　②ショートノーティス　　③不適切な設問
　④情報管理の不備　⑤不適切な依頼方法　　　⑥問題への対応体制の不備

それぞれの問題の詳細については，章末（5.5節）で詳細な解説を加えます．

5.2　ヒアリング

まず，ヒアリングの実施手順について，その一連のプロセスに沿って要点を解説します．

（1）誰に何を尋ねるか

極めて当たり前のことですが，この基本がしっかり押さえられているかどうかでそのヒアリングの成否が分かれます．筆者の知っているいくつかのヒアリングの例を以下にあげておきます．

- 公共交通の運行事業者に，ワークチームが考えるバス路線の新規導入を行ううえで，何が課題となるかを聴取する．
- 大学における学生寮の改築において，どのような建物構成やスケジュールでプランを進めていくかを大学事務局に確認する．
- 保育園の待機児童問題解決のため，自治体に現在までの待機児童数の地区別変遷を尋ねるとともに，あわせて今後の問題解決方策について尋ねる．
- 地域の農家に対し，後継者問題の実情と新しい自動機械化農業に対する受け入れ意思について意見を尋ねる．

など．

そのことを，誰がよく知っているかや，誰が話してくれるかを理解していることは，ヒアリングを進めるうえでの第一歩です．なお，地域にかかわる取り組みは，時として人によって意見が異なります．客観的なワークを進めるには，バランスを考えたヒアリング対象者の選定も大切なポイントとなります．

（2）アポイントメントを取る

　ヒアリング対象者にアポイントメントを取らなければ，ヒアリングは実施できません．この連絡の取り方，お願いの仕方一つによって，相手がどのようにヒアリングに応じてくれるかの姿勢が変わります．ちなみに，現代社会では，電話，FAX，メールなどさまざまな連絡手段が存在しています．これらは直接本人に会わずに済む連絡手段ですが，もちろん直接会ってお願いする（そのための事前連絡も必要になりますが）という丁寧な方法もあります．

　ヒアリングは相手の事情を考えながら進めることが大切で，それはアポイントメントを取る段階から，どのような連絡手段が相手に取って適切なのか，類推することからはじまります．昼間は不在なので夜に電話をして欲しいという人もいれば，すべてメールでやり取りをして欲しいという人もいます．また，本人に直接お願いしにくい場合は，本人をよく知っている第三者を通じてお願いするという方法もあります．

　また，アポイントメントを取る際には当然どのような目的でヒアリングをお願いし，そのために要する時間はどの程度かということも事前に伝える必要があります．あわせてヒアリングの場所についても，通常は相手の勤務地や居住地に伺うことが多いですが，ほかに都合のよい場所がないかということも頭の片隅に置きながら調整を行います．また，何人ぐらいで伺う予定であるかということも，ヒアリング場所を提供する相手にとっては重要な情報になります．ヒアリング依頼のサンプルレターを表5.1に示しておきますので，参考にしてみてください．

（3）ヒアリングの実施に向けて

　ヒアリング実施の当日までに，スムーズにヒアリングを進められるよう，下記のような心づもりをしておく必要があります．

- 質問の事前予告：

　　アポイントメントが取れたら，ヒアリング実施の10日ほど前に何をお尋ねする予定なのか，その質問項目の一覧を事前に送付しておくことをお勧めします．事情がよくわかっている人でも，いきなり当日尋ねられると十分な回答ができないのが普通です．自分たちが十分な準備をするだけでなく，相手にも快く十分な準備をしていただけるようにしておくことが肝要です．

- ヒアリングメンバーの選定：

　　大人数でおしかけるのは迷惑になることが多いですが，一人の場合は，ヒアリングと記録の両方がこなせるのか，といった疑問があります．目的が達成するうえでの必要最小限のメンバー構成を考える必要があります．

表 5.1　ヒアリング依頼のレターサンプル

年*月日

A市役所
都市施設課長　＊＊様

B大学C学部D学科
地域まちづくり実習E班班長　筑波花子
担当教員　富士太郎

F駅駅前広場送迎用一般駐車場に関するヒアリングのお願い

　前略失礼いたします。
　私達、B大学C学部D学科では、「地域まちづくり実習」という授業において、A市内のさまざまな課題を取り上げて学習を行っています。その中で我々の班では「F駅交差点付近のキスアンドライド（路上駐車）の問題」を取り上げて調査研究を行っております。
　この中で、先日オープンしました「F駅前広場一般交通広場」は、F駅利用者の送迎用駐車場として、問題解決の上で大いに期待できる施設と考えております。この施設を整備されたお立場から、以下の事項にたいしてご教示いただければと考えております。
　何かご不明な点などございましたら、下記のヒアリング実施責任者までお気軽にお尋ねください。取り急ぎ用件のみで失礼いたします。

草々

記

1. 希望日時：6月1日（火）の15時〜16時（1時間程度）
2. 訪問者：B大学C学部D学科　学部生 5名　大学院生 2名
　　　　　　担当教員　富士太郎教授 1名
3. 内容：
　① 送迎用駐車場の規模や構造を決定する上での判断根拠。
　② 料金体系の考え方について。
　③ 送迎用駐車場に関するPRの状況。
　④ 送迎用駐車場の建設にいたるまで（経緯）。

> ヒアリング実施責任者
> B大学C学部D学科　3年生　筑波花子
> 　　e-mail：*****@******　　電話：***-****-****
> 担当教員：B大学C学部D学科　教授　富士太郎
> 　　e-mail：*****@******　　電話：***-****-****

●持参物の選定：

　筆記具，カメラ，録音機などのほかに，自分たちをどう紹介するのかや，取り組みをわかってもらうための基本的な資料はあった方がよいでしょう．なお，ケースごとに準備するかどうかの判断は必要ですが，手土産の準備もこの段階であわせて行う必要があります．

- 現地状況の確認：

　ヒアリング実施場所がどのようなところであるかの事前確認は必要です．あわせて，そこまでどのようにして行くかということも余裕をもって計画しておく必要があります．なお，車で伺う場合，ヒアリング先に適切な駐車場がなくて慌てる場合があります．駐車禁止の場所に停めてしまってヒアリング先に迷惑がかかることのないよう注意しましょう．

（4）ヒアリング時に配慮すべき点

　ヒアリング時には，単に自分の知りたいことを一方的に尋ねることだけに注力するのではなく，同時に以下のようなさまざまなことに気を配る必要があります．

- 御礼，主旨や手順の説明，時間の管理：

　ヒアリングの実施にあたっては，まず，ヒアリングを受けていただいたことの御礼を述べる必要があります．そのうえで，ヒアリングの主旨を簡潔に説明するとともに，どのようなお尋ねをさせていただく予定か，その全体像の確認を行います．あわせて，何時にヒアリングが終了する予定であるか，その時間管理の目安についても最初に情報共有しておきます．

- 写真撮影や録音の許可：

　ヒアリングを開始するにあたって，その内容をきちんと記録しておくことが必要となります．メモを取ることは当然のことですが，口述してもらう内容をきちんと把握するうえでは，念のためヒアリングの内容を録音させていただくとよいでしょう．ヒアリング風景の写真撮影とあわせ，相手に録音や図 5.1 のような写真撮影を行っても差し支えないかは，必ずその場で確認しましょう．

図 5.1　ヒアリングの実施風景

5.2 ヒアリング　59

- 話を引き出す：

さまざまな状況が想定されるため定型的な成功の手順があるわけではありません
が，ヒアリング相手にどうすれば打ち解けて本音の話をしてもらえるか，というこ
とについては常に注意を払う必要があります．そのためには，当然のことながら相
手に敬意をもって丁寧に接することが必要です．また，相手の立場を事前に十分に
理解しておくことも，相手の話を効果的に引き出すうえで大切なことになります．

- ヒアリング内容の公表に関する確認：

ヒアリングが完了するまでの間に，ここでいただいた意見がどのように活用され
るのかを適切なタイミングで説明しておく必要があります．発表会や報告書でどの
程度取り上げる予定なのか，また，その聴衆や配布先がどのような内容なのかも，
あわせて情報提供しておくことが望ましいといえます．場合によっては，ヒアリン
グ内容や情報提供者の秘匿を依頼されることもあろうかと思います．秘匿して欲し
いといわれたヒアリング内容については，その約束を守ることは当然です．

（5）ヒアリング後の対応

ヒアリングが終われば，それですべてが終わったということではありません．下記
のような終了後の対応を行ってはじめて，ヒアリングが活きてきます．

- 記録の完成：

ヒアリングに限らず，調査や意見交換などすべての活動はそうですが，そのとき
の記憶は急速に薄れていきます．せっかくのヒアリングの内容を忘れてしまわない
ように，その日のうちにあとに残せるヒアリング記録（議事録）を作成しておきま
しょう．

- 感謝状（メール）の送付：

記録作業を行うのとあわせて，その日のうちにヒアリング協力者への感謝レター
を送付するとよいでしょう．すぐにメッセージを送るにはメールが一番よい方法か
と思いますが，どんな形態や媒体でもかまいません．簡単な文面でよいので，時間
をおかずにすぐにお礼を伝えることが重要です．なお，上記の記録作成の中で尋ね
忘れたことや明確に聴き取れなかったことなどが判明した場合は，この感謝メール
を送付する際にあわせて確認をしておくとよいでしょう．

- 発表会への招待：

ヒアリング対象者によってはワークに興味をもっていただける方もいるため，
ワークの最終発表会にご招待するという考え方もあります．無理強いにならないよ

う配慮しながらお誘いしてみて,前向きなお返事をいただければ発表会でのコメンテータをあわせてお願いしてみるという考え方もあります.

- 報告書への対応:
 ワークにおいて最終的に報告書を作成する場合,ヒアリング協力者に対する謝辞の記載を忘れないようにする必要があります.また,完成した報告書は,ヒアリング協力者にも礼状とともに送付するということも一つのマナーといえます.

5.3 アンケート:調査の基本構成

つぎに,アンケート実施の基本とその手順をまとめておきます.

(1) アンケート実施の基本姿勢

本書の中でもすでに指摘しましたが,ワークにおいてアンケートを実施するということは,熟慮のうえに実施すべき選択肢の一つです.どうすればよいかよくわからないからとか,とりあえずアンケートをやってみれば何かわかるだろう,という姿勢で臨むものではありません.また,アンケートの調査設計には,それなりの時間と労力,それに専門的知識が求められます.時間的にも心理的にも十分な余裕をもって臨むことが必要です.また,筆者の個人的意見ですが,わからないからアンケートで尋ねてみる,という考え方で実施したアンケートからは得るものが多くないように感じています.自分たちは現象を観察したうえでこのような仮説をもっているが,それを確認するためにアンケートを行ってみよう,という基本姿勢がアンケート調査を成功に導きます.

(2) サンプリングと層別化

ヒアリングと異なり,アンケートは,一定のサンプル数を集めることで統計的な分析を可能にし,客観的な議論を展開できるようにすることに,その実施の意義があります.これは裏返せば,そのサンプルが分析しようとする全体(母集団)を的確に代表しているということが求められます.この前提を満たすうえで一番確実な方法は,母集団全員に対して調査をかけること(全数調査)です.しかし,全数調査は一般にコストや時間の制約から実施することが難しいため,一定のルールに基づいて母集団からサンプルを抜き出して調査対象とすること(**サンプル調査**)が一般的に行われます.

容易に想像できるとおり，このサンプルの抜き出し方が偏っていれば分析結果にも偏り（バイアス）が発生し，分析結果の説得力はなくなります．サンプルの偏りをなくすためには，母集団からランダムにサンプルを抽出することが必要です（ランダムサンプリング）．ちなみに，一般にまちづくり関連で広く市民にアンケートをかけた場合，回答率は年齢層によって大きく異なります．具体的には，時間に余裕のある高齢者層からの回答率が高く，この逆に若年層や働き盛りの年齢層からの回答率は低くなります．この結果を単純平均で議論してしまうと，明らかに高齢者の意見に引きずられた結果が導かれるということは容易に理解できるでしょう．

このような問題を避けるための方法として，**層別抽出**（stratified sampling）という方法があります[†1]．上の例でいえば，若年層や働き盛りの層の回答率が低いことを見越し，それらの層についてはあらかじめサンプルとして抽出する候補者の数を増やしておくのです．もしくは，一定の期間を通じて調査を行う場合は，各層の回答者数が一定数に達するまで，特定の層については調査継続期間を長くするという方法もあります．

（3）有効回答率とサンプルサイズ

その調査がうまくいっているかどうかを判断するうえで，どれだけの人が調査依頼に対してきちんとした有効な回答を返してくれたかといった点も大切です．これは，単に回答が返ってきた数ということではなく，きちんと回答したケースが調査依頼を行った数に比較してどれくらいの割合を占めているかということで，**有効回答率**（effective response rate）といいます[†2]．アンケート調査の配布回収の方法によっても有効回答率は影響を受けるため，有効回答率が何％なければならないといった決まりがあるわけではありません．しかし，有効回答率が非常に低ければ，その調査にはその問題に強い興味を持った特定の人しか答えていないということが容易に疑われ，その調査自体の信頼性が揺らぐことになります．また，回収された回答の中には明らかにきちんと考えて回答されていないサンプルが混じっている場合があります．たとえば，5段階の選択肢の回答欄にすべて同じ数字を並べているケースなどは，その回答の有効性を疑う必要があるでしょう．そのような信頼できない回答を除外したうえ

---

†1　非常に多くの観点からさまざまな層の組み合わせによる影響が分析できるように調査を行いたいが，現実的にはすべての組み合わせを検討することはサンプル数の制約の面から難しいというケースもあります．そのような際は，論理的な判断を通じて調査対象とする組み合わせの数を，**実験計画法**（experimental design）を通じて減らすことが可能です．詳しくは参考文献3）を参照してください．

†2　有効回答率に対して，配布したアンケート票のうちどれだけ回収ができたか，その割合を有効回収率といいます．回収できたアンケート票の中には不十分な回答が含まれている可能性もあるため，本書では有効回答率を説明に用いています．

62 第 5 章 自前調査の進め方

で有効回答率を算出する必要があります.

　実際にどれだけの有効な回答数（サンプルサイズ）があれば十分に統計的な分析が可能となるかは，事前に把握しておくべきです[4].　そのためには，上記の有効回答率がどの程度になりそうかをあらかじめ想定し，それに基づいて実際のアンケート配布必要数を考えておく必要があります.「有効回答数 ＝ アンケート配布数 × 有効回答率」という簡単な計算式が成り立ちます.　このため，アンケート配布必要数は，「統計分析に必要な有効回答数 ÷ 予想される有効回答率」から見積もるとよいでしょう.なお，有効回答率は，つぎに示すその調査の配布回収方法の違いによっても大きな影響を受けるので，注意が必要です.

（4）配布回収方法

　アンケートの配布回収には多様な方法があり，代表的なものだけでも下記のようなものがあります.

- 訪問配布・訪問回収方式：
　配布時と回収時の両方に調査対象者の元に調査員が訪れ，調査依頼と回収を直接実施する方法です.　大変丁寧な方法で，有効回答率は一般に高く，回収時に調査員が記入の不備などもチェックできることから得られるデータ自体の信頼性も高いといわれています.　ただ，コストを要することと，近年では訪問しても不在であるケースも多く，その実施は以前と比較して難しくなってきています.

- 郵送配布・郵送回収方式：
　郵便で対応する調査であり，訪問方式よりはコストは一般にかかりませんが，有効回答率は低くなる傾向にあります.　また，回答者に負担のかかる量の多い調査をこの方法で実施すると，さらに有効回答率を下げることになりますので注意が必要です.　なお，配布時を訪問にして回収時を郵送にする，もしくはその逆といった訪問と郵送の組み合わせのバリエーションを考えることは，取り組むワークに応じて柔軟に考えて差し支えありません.

- 電話による調査：
　世論調査などは，一般に電話を利用して係員が直接尋ねる方法がとられています.この方法には，口頭で調査対象者のペースにあわせて確実な回答が取れるという利点があります.　一方で，日常的に電話を取りやすい人や電話対応での時間を割くことを断らない人に依頼が偏ることになるため，回答に一定のバイアスが含まれている点には注意が必要です.

5.3 アンケート：調査の基本構成　63

● インターネットによる調査：

　インターネットを介したアンケート調査が最近急速に増えてきました．ネット調査会社を通じてそこにモニターとして所属する人たちから回答してもらうという方法が一般的ですが，個人でもインターネットを介して簡便なアンケートを実施できる仕組みも進んでいます．ネット調査が普及し始めた頃は，回答者がインターネットを利用できる人に偏るという批判もよく聞かれましたが，中高齢層のモニターも近年確実に増加しており，むしろインターネットを介したほうが調査したい対象を意図的に抜き出す層別抽出が容易であるという利点もあります．ただ，記入作業などでは携帯電話やパソコン端末より紙のほうが作業しやすい場合がまだ多く，記入作業の全体量を紙調査に比較して把握しにくいという点についても注意が必要です．

● 直接配布・直接回収：

　講演や授業などの人の集まる場において，直接配布してその場で記入してもらい，回収する方法です．有効回答率はほぼ100％に近い場合が多く，また回答の不備についてもある程度はその場でチェックすることが可能です．なお，その場でいきなりアンケートを行うのではなく，講演であれば主催者に，授業であれば担当教員に事前に実施のお願いをし，了承を得ておくことが必須です．他教員の授業で実施させてもらう場合は，その授業時間を支障することがないよう，受講生に休み時間に残ってもらって実施するのがマナーといえます．なお，特定の講演や授業に来ている人は当然一定の傾向があるため，有効回答率が高いからといってワークの調査目的に合った偏りのない回答者が集まっているとは限らないことにも注意が必要です．

　参考までに，表5.2に，各配布回収方法に関する特徴などをまとめておきます．
　いずれの方法によるとしても，それなりの事前の準備対応が重要となります．たとえば，大規模な郵送調査を実施するとすれば，その封筒への封入作業などだけでも多くの作業担当者や作業スペースが必要となり，その作業に対する事前説明会も必要となります．参考までに，1万部（おそらく，まちづくりワークとしては最大規模）の調査用紙を郵送発送した際の作業風景を，図5.2〜図5.6に順を追って例示しておきます．通常のまちづくりネットワークではこれだけの規模の対応は必要となりませんが，1000部の調査だからといって，この1万部の調査の1/10の準備対応で済む話ではない点は，注意が必要です．なお，調査票の印刷を専門の業者に依頼するとしても，それなりの時間を要します．一方で，ネット調査は印刷が不要だから時間がかからないかというとそうでもなく，実施前に依頼するネット調査会社と設問の調整に一定の時間を要することは注意しておいた方がよいでしょう．
　ちなみに，近年の大規模な交通行動調査などでは，ネット調査と紙の郵送調査を併

表 5.2 各配布回収方法の特徴など

配布回収方法	長　所	注意点*	適した対象（例）
訪問配布・訪問回収	・丁寧 ・記入の不備をその場でチェック可能	・コスト（人件費）がかかる ・都市では調査拒否も多い	・地域住民の意識調査 ・パーソントリップ調査
郵送配布・郵送回収	・配布回収の手間が訪問方式よりもかからない	・有効回答率に限界がある ・コスト（郵送費）がかかる	・パーソントリップ調査 ・市民意識調査
電話による調査	・相手に応じて会話で対応できる	・質問できる量が限られている	・世論調査
インターネットによる調査	・配布回収の手間がかからない ・対象者の選別（層別抽出）が容易	・ネット利用者しか調査できない	・層別抽出を必要とする調査
直接配布・直接回収	・その場で直接説明できる	・多くのサンプルを集めることは難しい ・コストはかからない	・講義や講演会を活用しての調査

＊コストについては同じ回収数を目標とした場合の比較

図 5.2　発送作業に関する事前説明会

図 5.3　調査用紙のナンバリング[†]

用するケースも出てきました．同じサンプルを得るうえで，一般的にネット調査のほうが1サンプルあたりのコストが安いため，まずネット調査で答えてもらえる人から回答をもらい，回答のない人には紙の調査用紙を郵送して回答してもらうという方法で，一定の効果をあげています．

[†] 返送されてきた調査票がどの地域に配布されたものかを確認する必要がある場合などは，このような調査用紙へのナンバリングを行っておくと便利です．

図 5.4 封入物の確認

図 5.5 作業風景（中央に積まれているのは印刷されたアンケート用紙と封筒）

図 5.6 送付封筒の全景（仮置きのスペースも必要）

（5）依頼のしかた

　調査すべてにおいて共通の事項ですが，依頼においては丁寧であることが大切です．ヒアリングにおいてもアンケートにおいても，相手の貴重な時間を割いていただくことなので，誠意をもった連絡対応，文章の作成が求められます．また，そのような丁寧さは調査結果の質に直結します．アンケートを受け取った相手が，調査に協力しようという気持ちをもって回答で記入するのと，そういう気持ちになれないで記入するのとでは，明らかに回答の質が変わってきます．また，当然のことながらその違いは有効回答率にも大きな影響が及びます．

　丁寧さに加え，調査実施時に記入用のボールペンなどの粗品を添えるということも有効回答率の向上に資することが報告されており，予算に余裕があるようであれば検討に値します．また，そのような予算がなくとも，ちょっとした工夫で有効回答率を上げることも可能です．たとえば，郵送回収型の調査の場合，調査票の返送先をどこにするかということでも有効回答率は変わってきます．具体的には，ワークを担当し

ている個人名よりも，市役所など行政の関連担当部署名での回収のほうが調査に対する信頼性が高く感じられ，有効回答率は向上します．また，調査依頼時に，たとえば表5.3のような市長から調査協力のお願いの書面を1枚同封するだけで，回答をきちんと返そうという気持ちになっていただけることは少なくありません．

表5.3 市長によるアンケート調査協力依頼レターの例（同封用）

「日常的な買物に関する調査」についてのご協力のお願い

　皆様には，日頃から，震災からの復興と市政の進展にご協力をいただき，誠にありがとうございます．
　さて，本市におきましては，高齢化や人口減少の進展などにより，日常生活に必要な買物をするのに支障を来たす地域の発生が懸念されております．また，震災の発生により，市内の各地域に避難を余儀なくされている皆様には，不慣れな土地での生活に，日常の買い物などで不便を感じることも少なからずあるものと存じます．
　このため，＊＊大学＊＊学部の協力を得て，市内で買物をする際の利便性の確保・向上を図ることを目的に，市民等の皆様を対象とした調査を実施することといたしました．
　具体的には，市内各地にお住まいの皆様が，どのような条件・環境のもとで日常の買物をしており，どのようなことを感じているのか，などの点について調査し，日常の買物における利便性を確保するためにはどのような取組みを進めたらよいかについて考察するための資料として使用させていただきます．
　更には，今回の調査・検討の結果等を踏まえ，市内にお住まいの皆様の利便性の向上につながる施策の実施へとつなげて参りたいと考えております．
　市では，今後とも，震災前にも増して活力に満ち溢れたまちを目指して，全力で取り組んで参ります．
　皆様にはお手数をお掛けいたしますが，調査の趣旨をご理解いただき，何卒ご協力いただきますようお願い申し上げます．

＊＊年＊＊月＊＊日

＊＊市長

 ## 5.4　アンケート：調査票の設計

　調査票を設計するうえでまず理解しておかないといけないのは，きちんとした調査票をつくりあげるまでにはかなりの時間を要するということです．はじめてアンケート調査に取り組む人はほとんどの場合，この時間を甘く見積もり，実施日直前にあわてて作業を詰め込むことになったり，また調査実施予定日を延期したりすることが少なくありません．なぜ時間がかかるのかといえば，調査票作成には注意を払わないとならないことが非常にたくさんあるからです．本書では，効率的に調査票を完成でき

るようにするためのチェックポイントとして

（1）構成は適切か

（2）尋ねるべきことはカバーされているか

（3）不要な設問が混入した，過剰な調査になっていないか

（4）選択肢や解答欄は適切に準備されているか

（5）誤解のない文章となっているか

（6）必要な解説や記入例が準備されているか

（7）回答の流れに穴はないか

（8）適切なレイアウトとなっているか

の8項目について詳しく解説します．なお，本節の参考として，過去に実際に配布したアンケート調査票の一例を，巻末の付録につけます．

（1）構成は適切か

アンケートの調査票は，設問部分（メインボディ）だけを作成すればよいというものではありません．通常，前書きとなる挨拶文，記入方法の説明，フェイスシート，メインボディなどの構成要素から成り立っています．前書きの挨拶文では，調査の目的に加え，回答者の個人情報の扱いに関する約束事項などを明記する必要があります．また，アンケートの「顔」，すなわちフェイスシートは，回答者自身の年齢，性別，職業などの個人情報を記入する部分になり，調査の目的に応じてどのような個人情報が必要になるかは変わってきます．住まいに関するワークであれば，住宅の形態や居住年数を尋ねる必要もあるでしょう．ちなみに，ここで所得のような回答者にとって答えにくいことを尋ねると有効回答率が下がるということが一般的にいわれています．ほかの調査項目についてもそうですが，データを取ってもはっきりとした分析予定がない設問や，回答者が回避する可能性が高い設問については，本当に必要な項目かどうかを十分に検討しておくことが求められます．

なお，巻末の付録の例では，フェイスシートを調査本体の後にもってくる設計を行っています．

（2）尋ねるべきことはカバーされているか

当たり前のことですが，この基本的なことができていなかったために，調査後，分析に入ってから苦労するという例が後を絶ちません．尋ねないとならないことが調査から抜け落ちる主たる原因の一つに，調べようとすることに対して事前の仮説が十分に検討されていないことがあげられます．具体的な例として，付録の問17を用いて説明します．この設問では，項目9）の「回答者が公共交通サービスに対して総合的

に満足しているかどうか」が，項目1）〜8）のうちのどの理由からおもに決まってくるのかを客観的に明らかにしようとするものです．そのことがわかれば，政策的に何を変えることによって利用者の満足度が高まるかを類推できるからです．この際，事前の意見交換によって，どのような事柄が総合的な満足度に影響を及ぼすだろうかということが十分に検討されていなければ，1）〜8）といった項目を適切に設定することができません．1）〜8）が適切に設定できるということは，その現象をよく理解しているということの裏返しであり，その理解が適切であるかどうかをあくまでアンケートを通じて確認しようとしているにすぎないということでもあります．よくわからないからアンケートをやってみるという考え方が失敗を必ず招くということは，このような調査設計の考え方から見ても明らかであることがわかるでしょう．

付録より抜粋
（問17）

問17 あなたが最もよく利用する公共交通サービスに満足していますか．（項目ごとに1つ○をつけて下さい）

項目	回答欄					
	わからない	不満	少し不満	どちらともいえない	まあまあ満足	満足
1）運賃	0	1	2	3	4	5
2）お住まいから駅・停留所への距離	0	1	2	3	4	5
3）運行頻度	0	1	2	3	4	5
4）運行路線のルート	0	1	2	3	4	5
5）定時性	0	1	2	3	4	5
6）乗換のしやすさ	0	1	2	3	4	5
7）路線図・時刻表の見易さ	0	1	2	3	4	5
8）車両・施設のバリアフリー度	0	1	2	3	4	5
9）総合的に考えて	0	1	2	3	4	5

（3）不要な設問が混入した，過剰な調査になっていないか

　上記（2）の裏返しであり，個々の設問に対し，本当にその質問は必要かということを確認する必要があります．とりあえず尋ねておこうという設問が増えると，アンケートの分量はあっという間に増えてしまいます．分量が多くなると回答者の負担が大きくなるため，有効回答率は低くなります．また同時に，とくに時間に余裕のある人や，その問題に強い興味をもっている人しか回答しなくなり，結果的に得られる結果もバイアスのかかったものになってしまいます．

　また，本章の扉ページにも記したように，誰もわからないことは誰に聞いても適切な回答を出すことはできません．タブレット型端末が発売される前は，一般人は誰もタブレット端末が欲しいとは思いついていなかったのです．設問は回答者本人がわかることに限定する必要があります．もちろん隠れたニーズをうまく引き出せるような設問を設計できるのが理想ではあります．

（4）選択肢や解答欄は適切に準備されているか

　初心者が行いがちなミスとして，選択肢の提示内容に配慮が足らないケースが散見されます．たとえば，付録の問 16 のように，最寄りの公共交通の運行状況を知っているかどうかを調べようとする際，初歩的なミスとして回答の選択肢を「知っている」「知らない」の二択にしてしまうことです．実際のところ地方都市では公共交通を利用する人の割合は 5％以下と非常に少ないため，二択にしてしまうとこの調査ではほぼ回答者の全員が「知らない」となってしまい，政策に展開するうえでの公共交通の微妙な認知度の違いをまったく評価できなくなってしまいます．アンケートでは，回答者の回答のばらつきがあってはじめて有効な分析が可能となることが少なくないのです．このため，この設問では選択肢を五択とし，「あまり知らない」や「どちらともいえない」といった中間の選択肢を加えることによって，効果的な分析が可能となるような配慮を行っています．なお，選択肢をどのように切り分けることが適切かという判断は，先述したとおり，事前に仮説が十分に検討されているかどうかにかかっています．

付録より抜粋 （問 16）	問 16　あなたは，最寄りの公共交通の運行状況(路線・おおよそのダイヤ)をご存知ですか。(項目ごとに 1 つ○をつけて下さい。)					
	項目	回答欄				
		全く 知らない	あまり 知らない	どちらとも いえない	まあまあ 知っている	よく 知っている
	1) 鉄道	1	2	3	4	5
	2) 路線バス	1	2	3	4	5

（5）誤解のない文章となっているか

　アンケートの設問となる文章は，ちょっとした表現の違いで回答者が調査の意図を誤解してしまう可能性もあり，細心の注意が必要です．とくに，意味が複数の異なる内容に取れてしまうような文章や，一つの設問に二つ以上の前提を入れてしまうダブルバインドの文章になっていないか，確認が必要です．ダブルバインドの具体的な例としては，「公共交通に乗らない理由をこたえてください」という設問に対し，「便数が少なく料金が高いから」という選択肢を設けては十分な分析ができません．このような場合は，「便数が少ない」という選択肢と「料金が高い」という選択肢の二つに分けて選択肢を設定し，理由を特定できるように調査票を設計する必要があります．

（6）必要な解説や記入例が準備されているか

　各世帯に配布するアンケートであれば，回答を世帯の中の誰に書いてもらうのか，またアンケート中に出てくる用語については，読む人がすべて同じ意味として理解で

きるか，といったことは些細なことのようですが，適切な解説が求められることは少なくありません．具体的な解説例として，付録の1ページ目の「記入についてのお願い・ご注意」が参考になります．ここでは「日常的買物」の定義を明確にし，アンケート対象者は「日常的買物」を行う人であることを明記しています．また，選択肢の選び方や回答の記入方法について，実際に例示を行って間違った対応が行われることがないよう注意を喚起しています．

(7) 回答の流れに穴はないか

ある設問の回答に応じて，以降の回答すべき設問が人によって異なるといったケースはアンケート調査で頻繁に発生します．具体的な例で見ると，付録の問4から問5にかけてや，問12から問13にかけてなどがこの事例に該当します．ここでの参考用に，問12から問13にかけてを以下に抜粋します．このように回答の流れを分けて飛ばしたり，また合流させたりすることは，アンケートの構造を複雑にするので必要最小限にとどめる必要があります．そのうえで回答パターンによっては途中で迷子になってしまう回答者が出てこないよう，さまざまな回答者のパターンを事前に想定して回答の流れを整理しておく必要があります．

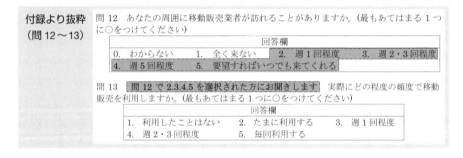

(8) 適切なレイアウトとなっているか

アンケートの中身がほぼ固まっても，最終的にはきちんとレイアウトして見た目を整えるという作業が最後に残っています．回答者に高齢者の占める割合が高いようであれば，文字のポイント数もしっかり大きめにして準備する必要があります．設問や選択肢に誤りがないか何度も読み直し，あわせて諸設問の配置をどうするかを考えねばなりません．また，アンケート調査用紙の内容がある程度固まった状態にまでなれば，取り組んでいるワークには無関係な何人かの人にアンケートを実際にやってもらい，わかりにくいところや不備などを指摘してもらうことが重要です．

5.5 スマートな調査のために

ヒアリングやアンケートは，一般的には，見ず知らずの人たちに協力を求める行為であり，その相手が気持ちよく回答できるよう細心の注意が必要です．以下では，本章の冒頭（5.1節）で述べた六つの視点に対し，それぞれの実例なども交えて，スマートで人に迷惑をかけることもない効率的な調査を進めるうえでのポイントの解説を加えます．

① 説明不足：

　ヒアリングやアンケートはろくに説明もせずに突然お願いするのではなく，いつ頃どういう主旨の調査を実施する予定かをあらかじめお知らせし，事前に了解を得ておくということが必要です．調査を依頼される側の心理として，基本的に，時間を取られたり，個人的なことを尋ねられるということは進んでされたいことではありません．なぜ自分が調査対象として選ばれたのかということも含め，余裕をもって調査の主旨と手順を理解してもらうことが大切です．たとえば，郵送型の調査の場合は，はじめに調査のお願いをハガキで送り，そのあとしばらくして調査用紙を郵送するというていねいな進め方もあります．

② ショートノーティス：

　ヒアリングでは，相手が誰であっても余裕をもったアポイントメントが必要です．とくに，ヒアリング相手の忙しさがどの程度であるのかは，事前に情報収集しておく必要があります．一方，アンケートでは，上記①とも関係しますが，比較的時間に余裕がある学生が作成したアンケートの場合，学生の感覚で「あさってまでに回答してください」など，締め切りをすぐ先に設定するショートノーティスの調査が設計されがちです．実は，このようなショートノーティスの原因は調査設計に無駄な時間をかけてしまったことにより，調査実施のための時間を食いつぶしてしまったことがほとんどです．原因は何にせよ，ショートノーティスなアンケート調査では，運よく回答が期日までに返ってきても，いい加減に急いで回答されている可能性が高く，調査の質自体も保証されないことになります．

③ 不適切な設問：

　アンケート中に回答者を不快にさせるような設問や選択肢はないか，注意が必要です．なお，逆に必要な選択肢が欠けていることで回答者を不快にしてしまうケースもあります．その例として，ジェンダーやマイノリティーに対する配慮のない設

問はその典型でしょう．また，ある学問分野の将来展開のあり方を問うアンケートをある教授が実施した際，その学問分野の中で回答者がどのサブ領域に所属しているかということを確認するフェイスシートの設問がありました．その際，選択肢の中にある回答者が所属するサブ領域の選択肢が含まれていなかったため，その回答者は自分の研究領域を認めないことは許せないという抗議文を返信するに至りました．調査する側にまったく悪意はなく，実際にそのサブ領域はほかの領域と比較して選択肢として記載すべき十分大きなサブ領域であったかは意見の分かれるところです．ただ，そこが「自分が認めてもらっていない」と回答者の感じるところのスイッチであったということになり，そのようなスイッチがどこに潜んでいるかが事前にわかるということは無視できない能力といえます．

④ 情報管理の不備：

調査を実施する際に，回答者の個人情報の扱いに十分注意が必要であることは明らかです．大学であれば学内に倫理委員会があり，その規定に違反しないことが求められます．また，調査内容によっては倫理委員会の承認が必要となる場合もあり，その審査にかかる時間も調査プロセスの中に見込んでおく必要があります．得られた回答をきちんと管理するということに加え，調査の回収時点などで個人情報の扱いがぞんざいになっていないかという点についても注意が必要です．たとえば，調査回答を FAX で送付するよう求める調査で，その送付先が誰でも出入りできる部屋で回答用紙がしばらく放置されるケースをある政府関係者の調査で見たことがありますが，適切な対応ということはできません．

なお，広い意味での情報管理として，個人情報のようなとくに注意が必要な情報以外の情報（たとえば分析で得られた結果）をどのように扱うのかという点も，注意が必要です．筆者の知り得たケースで，そもそも公表を意図していないある分析結果が見知らぬ第三者によってソーシャルネットワーク上に掲示され，批判を浴びること（いわゆる炎上）がありました．情報技術が発達して便利な時代になりましたが，その分注意しなければならないことも増えたといえます．

⑤ 不適切な依頼方法：

ヒアリングを行ったり，授業などで直接方式のアンケートを行う際には，まず，ヒアリング対象者や講義担当の先生に調査をさせていただくことをお願いしないといけません．どのような依頼方法をその人が好むかということは事前にわからないので，ここで苦労することも少なくありません．たとえば，ある先生はこのような依頼はメールでするのではなく，電話で行うものだという人がいれば，その逆に電話ではなく，記録のきちんと残るメールにして欲しいという人もいます．こればか

りは様子を見ながら進めるしかありません．また，特定の窓口を通じて依頼を行う場合は，先方の組織の中できちんと連絡対応が取れているかも重要な点になります．筆者の知っているケースとして，窓口担当者は快諾してくれたのに，実際のヒアリング担当者からはショートノーティスすぎるというクレームが来た例があります．

　なお，依頼を行うのは何も調査を始めるときだけではありません．郵送回収費をもたない学生が地域へのアンケートを効率的に回収するために知恵を絞った例ですが，「回答を※月※日に各家庭の郵便受けにはさんでおいてください」という回収方式を取ったことがありました．自分の足で効率的に調査票を回収したわけですが，一軒だけ期日に遅れて郵便受けにはさんだ世帯があり，その世帯よりいつまでたっても回収に来ないという苦情が寄せられるに至りました．事故（アクシデント）とはいえないまでも，どのような例外的事象（インシデント）が発生しそうかということまで考えて事前に対応を行う必要があります．

⑥ 問題への対応体制の不備：

　何か問題が発生したときに速やかに対応できるようにしておくことは，とても大切です．調査を行う側の不備が原因となって問題が発生したときに取るべき行動は，1）まず謝る，2）そのような問題がなぜ発生したかの原因を明らかにする，3）今後同様の問題が発生しないよう再発防止を行う，という手順になります．このことが適切にできないと，問題が本当の問題として顕在化することになり，収拾に多大な労力が必要となります．

　規模の大きなアンケート調査などを実施する際は，質問やクレームを受け付ける専用の電話窓口と，質問対応のマニュアル（Q & A 集）を作成しておくことをお勧めします．専用の電話窓口は，誰か個人の電話番号をあてるのではなく，プリペイド方式の電話番号などを活用して，ほかの通話と混同しないようにしておくことが望ましいといえます．これだけの準備対応をしていても，一切質問やクレームがないということがほとんどですが，それでかまわないのです．参考までに，表5.4にQ & A 集よりいくつかの項目を抜粋しておきます．

　なお，このようなきちんと回答しようと考えている人からの質問以外に，時には，クレイマーに相当する人からの質問も残念ながら存在します．筆者は以前，民間企業の助成を得て実施している調査（税金はまったく使用していない）に対し，税金の無駄遣いをする調査には一切応じないという，まったく的外れな抗議をしてきた人がいました．クレイマー行為がひどいときは，学生の場合は先生に，地域でのワークの場合は取りまとめの幹事に早めに相談しましょう．

　もちろん，このようなクレイマーとは別に，調査の内容や取るべき政策などにつ

74　第5章　自前調査の進め方

表 5.4　質問対応マニュアル（Q＆A 集）の例

Q1：どうして私が調査対象に選ばれたのですか？
A1：本調査は市の住民登録台帳より市の審議会のご了解の元，ランダムに抽出した方に調査をお願いしています．あなたを特定してお願いしたわけではありません．
Q2：このアンケートには必ず答えなければならないのですか？
A2：本調査は強制ではありませんので，必ず答えないとならないというものではありません．ただ，あなたがお住まいの地域の発展に役立てるという調査の趣旨をご理解いただき，差し支えなければぜひお答えいただければ幸いです．
Q3：普段利用している店舗を尋ねる設問で，選択肢に該当する店舗がないのですが，どうすればよいですか？
A3：調査用紙に記載がある範囲でお答えください．
Q4：調査回答期日に提出が遅れてしまったのですが，どうすればよいですか？
A4：差し支えなければ，いまからでも返送いただければ幸いです（分析には可能な範囲で締め切り後のサンプルも加えるようにする）．

いて一見厳しいことをいってくる人も，アンケート調査に限らずワークショップの場においても存在します．そのような人はむしろその問題に興味をおもちで，意見交換を進める中で最終的に強い見方になっていただけることが少なくありません．ヒアリングやアンケートなど，自前の取り組みを進める中で，ぜひ問題解決のためのネットワークを拡げられることを期待します．

参考文献

1) たとえば，林知己夫編：社会調査ハンドブック，朝倉書店，2002.
2) 社団法人日本建築学会編：住まいと街をつくるための調査のデザイン，オーム社，2011.
3) 田口玄一：第 3 版 実験計画法（上・下），丸善出版，2010.
4) 永田靖：サンプルサイズの決め方，統計ライブラリー，朝倉書店，2003.
5) 鈴木淳子：調査的面接の技法，第 2 版，ナカニシヤ出版，2005.

Chapter

6

地域分析の基礎と考察

ひらめきは，それを得ようと長い間，準備，苦心した
者だけに与えられる.

—— パスツール

4章や5章で入手したデータは，うまく分析されることではじめて地域の実態や課題を語ってくれます．せっかく貴重なデータをもっていても，それが地域課題解決のひらめきにつながるよう，きちんと分析されなければ意味はありません．どのようにデータを分析するか（いわゆる「地域分析」）ということまで含めて，ワーク全体の計画を練っておく必要があります．このような地域分析に関しても，すでに優れた内容の図書が何点か出版されています[1)～3)]．

本章では，地域分析においてよく使われる手法とその考え方に関する基礎を解説することで，論理的で正しい分析を効率的に行えるような技能を習得することを目的とします．これは数学でいう，統計学とか**多変量解析学**（multivariate analysis）とよばれる分野に相当し，その基礎的な考え方をよく理解することが本章の主旨になります．なお，本書の一般読者の方の中には数学の苦手な人もいると思いますので，そのような方はチーム内の数字が得意な方に本章の内容はお任せして，ほかの役割を担っていただくということでも差し支えないと思います．一方で，数学な得意な方は 6.4 節から読まれても問題ありません．

実際の分析にあたっては，エクセルなどの通常のパソコンで使用する表計算ソフトで十分に対応できる部分が多く，分析手法によっては SPSS などの統計解析専用のパッケージソフトの使用を前提に考えた方がよい部分もあります[4)5)]．これら統計解析ソフトはとてもよくできているので，準備できたデータをそれらに流し込めば，いとも簡単に分析結果の数値を示してくれます．しかし，統計解析の考え方の基本を理解していないと，それらを誤って解釈してしまいかねませんので，注意が必要です．

なお，本書は数学の専門書ではありませんので，解説は本質的な考え方や論理展開にかかわる部分を中心とします．数式は簡単で基本的なものだけに限り，そのベースとなる考え方の解説に力点を置きます．詳細な式展開などに興味がある方は，参考文献リストであげた書籍などを参照してみてください[6)～9)]．

6.1　平均とばらつきを見る

（1）平均

データを理解するうえでは，まずその集団の特性を最もよくあらわす数値である「代表値」を捉える必要があり，一般にはその値として平均値がよく用いられます．試験の得点を例にあげると，自分の得点が平均より上か下かということは，一番最初に気になることでしょう．それは裏を返せば，**平均値**（average value）という指標が，その集団の特性を理解するうえで最もわかりやすい値（＝代表値）として，一般によく認知されているということでもあります．この平均値は以下の式で求められます．

$$\text{平均値} = \frac{\text{データ値の総和}}{\text{データ数}}$$

すなわち，数式でしっかり書くならば，個々の要素のデータ値が x_i $(i = 1, 2, \cdots, n)$ である n 個の集団の平均値 $\bar{x}$ は以下の式で表現されます．

$$\bar{x} = \frac{x_1 + x_2 + \cdots + x_n}{n} \tag{6.1}$$

（2）ばらつき：分散と標準偏差

つぎに気になることは，たとえば，平均点より上であったとしても，自分のいる位置が全体の中でどのくらいかということでしょう．平均点が 60 点で自分の得点が 80 点だったとしても，ほとんどの人が平均点に近い点を取っている場合（例：図 6.1(a)）は自分は上位になりますが，得点の分布が広くばらついている場合（例：図 6.1(b)）は自分より上位の人がかなりいるといえます．このようなデータのばらつき状況を表現する指標として，**分散**（dispersion）σ^2 とその正の平方根をとった**標準偏差**（standard deviation）σ という概念があります．この分散は以下の式で求められます．

$$\text{分散} = \frac{\text{データ値と平均値との差の 2 乗和}}{\text{データ数}}$$

すなわち，具体的には以下の式で表現されます．

$$\sigma^2 = \frac{(x_1 - \bar{x})^2 + (x_2 - \bar{x})^2 + \cdots + (x_n - \bar{x})^2}{n} \tag{6.2}$$

図 6.1 は，この分散の値が小さい場合と大きい場合に対応する，データの分布の例を示しています．同じ平均値をもつデータでも，分散の小さい集団は横に狭くとがった分布を示し，分散の大きな集団は横に広がった分布を示すことになります．

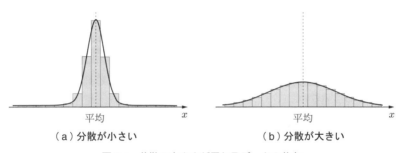

図 6.1　分散の大きさが異なるデータの分布

（3）正規分布と偏差値

実は，統計的なばらつきを有することがらの多くは，その平均値や分散の大小とは無関係に，図6.1のような，平均値の近くで頻度が高く，平均値から離れるに従ってその頻度が下がる左右対称型の分布をもつことが知られています．そのような分布の中でもとくによく知られた例として，**正規分布**（normal distribution）があげられます．正規分布の実際の例としては，成年男子の身長の分布，距離などの測定誤差，機械から生じるノイズの大きさなどが知られています．

正規分布が扱いやすいのは，その平均からどれだけ隔たることが確率的にどの程度まれなことであるかが，すでに詳細に具体的な数値として明らかにされていることです．その物差しとなるのが先述した標準偏差 σ になります．具体的には，図6.2に示すとおり，平均から $\pm 1\sigma$ 範囲内に全体のデータの68%がおさまっていることがわかります．さらに $\pm 2\sigma$ の範囲内に全体の95%，さらに $\pm 3\sigma$ の範囲内に至っては，全体の99.7%がおさまっている計算になります．

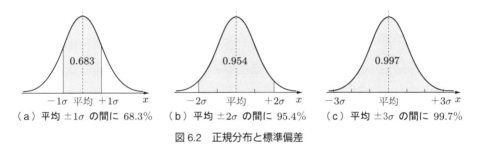

（a）平均 $\pm 1\sigma$ の間に 68.3%　　（b）平均 $\pm 2\sigma$ の間に 95.4%　　（c）平均 $\pm 3\sigma$ の間に 99.7%

図6.2　正規分布と標準偏差

この図6.2の考え方をよりわかりやすく一般的な指標に変換したものが**偏差値**（deviation value）です．具体的には，試験の得点で，平均が50，標準偏差が10になるように得点を換算し，その新たな尺度上で各自の得点を位置づけたものです．式で表すと，以下のようになります．

$$偏差値 = 50 + 10 \times \frac{得点 - 平均点}{標準偏差}$$

$$= 50 + 10 \times （平均から \sigma 何個分の位置か）$$

たとえば，平均 $\bar{x}$ が60点，標準偏差 σ が8点の試験で自分の得点が76点だったとすると，その偏差値は

$$50 + 10 \times \frac{76 - 60}{8} = 50 + 20 = 70$$

になります．76点は 2σ 分だけ平均点より高いため，新たな平均点50に新たな偏差分 2×10 を加えることになります．ちなみに，図6.2より，偏差値が70以上（2σ 以上）ということは全体の上位 $(100 - 95)/2 = 2.5\%$ に入るということを意味しており，これを大学の合格偏差値として解釈すると，かなりの難関校の水準であることがわかります．

また，図6.2からわかるように，平均点から 3σ 以上離れた数値をもつ場合は，その発生確率から考えてかなりのまれなケースであるということも理解できましょう．統計がわかる人の間では，あまりに優れたパフォーマンスや変わった行動を行う人をつかまえて，「彼は 3σ の人だから」といった表現がされることもあります[†]．

6.2 分布がもつ意味を考える

以上の例は，データ分布の形がきれいな正規分布の形状に従っているという状況のもとでの話でした．しかし，データの分布は平均値を中心にいつも左右対称であったり，またなめらかな分布をしているとは限りません．分析対象によっては，代表値として平均値を用いることが適切かどうかということからよく吟味しなければなりません．このことを理解するには，たとえば，わが国の世帯の所得がどのような分布になっているかを考えればわかりやすいでしょう．図6.3に我が国の所得分布を例示します．この図に示されるとおり，世帯の平均所得は541万9千円です．しかし，この値はごく一部の所得の極めて高い人が全体の平均を押し上げた結果の数値であるため，実感と合わないことが指摘されています．この例では，全体の61.2%の世帯が平均所得以下の世帯となっています．このような場合は，平均値ではなく，全世帯の中での順位としてちょうど真ん中の世帯の所得が代表値として用いられることが多く，これを**中央値**（medeian）といいます．図6.3の場合，中央値は427万円となります．なお，このほかにももっとも構成比が高いグループの値を代表値として用いる場合もあり，それを**最頻値**（mode）といいます．図6.3の場合，最頻値は200万円代ということになり，構成比上は平均所得よりはるかに収入額が低い世帯のグループが割合として多くを占めていることがわかります．

[†] 余談ですが，世の中では偏差値教育がいけないといったコメントを耳にすることがありますが，偏差値は単なるモノをはかる尺度であって，それを良し悪しの判断材料とするのは物事の本質を理解していないといえます．ほかの事例に例えていえば，「肥満はよくないので体重計を捨てましょう」といっていることと意味的には同じになります．

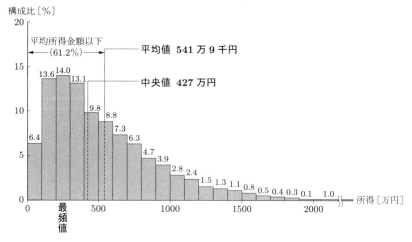

図 6.3 我が国の所得分布
［出典：厚生労働省，平成 27 年 国民生活基礎調査の概要[10]］

◆補足◆

> ここでは所得データを例として取り上げましたが，もしもあなたが実際のワークで対象世帯の所得を分析したいと思っていれば，別の面で注意も必要です．所得は各個人にとってあまり表には出したくない極めてナイーブな情報であるため，アンケートで尋ねようとすると，そのことで回答が拒否されたり，正しい値が返って来なかったりということが起こりやすいデータであるといえます．時には，税務署の調査ではないかと疑われることさえあります．また，所得に関する一般的な傾向として，所得の低い人は実際より高めに回答し，高い人は実際より低めに回答するとうことも知られています．回答用紙に数字がきちんと記入されて返ってきても，それをどう読むかということはその事象をどれだけほかの側面から理解できているかということに大きく依っていることの一例です．

6.3 集計をバカにしない

統計データやアンケートデータを入手したら，まずその大まかな傾向について把握する必要があります．たとえば，高齢者のほうが若い人より満足率が高いとか，郊外のゾーンより都心のゾーンにお店がたくさん立地しているといった基本的な情報について，人や地域などの特定のグループ（**カテゴリー**（category））ごとの集計結果として，まず把握を行うことになります．何か一つの変数についての傾向を見る場合の集計は**単純集計**（simple tabulation）とよばれ，複数の変数を重ね合わせて傾向を見

る場合は**クロス集計**（cross tabulation）という名称で一般的によばれています．たとえば，「年齢階層別の公共交通利用者数」を見ることが単純集計で，「年齢階層別×居住地別の公共交通利用者数」を見ることがクロス集計に該当します．

　この集計はどのような統計解析ソフトでも簡単にできることもあって，誰もがこのデータの集計作業から分析をスタートすることと思います．ただ，分析の中で一番難しいのは，実はこの一番簡単に見える集計分析であるということもできます．なぜなら，どのような区分で集計を行うのが的確かということがわかれば，それはその分析が完全にできた（＝現象を把握した）ということに等しいからです．ちなみに，ワークの初心者としてありがちな行為として，集計分析の大海に溺れてしまうことがあります．アンケートなどで取ったデータの分析をしていると，単純集計に加え，さまざまな変数間でクロス集計を取ってみたくなります．ただ，その単純な組み合わせの数は膨大な数になるので，あれもこれもとやっているうちに，自分がいままでどんな集計分析を行ってきたかさえわからなくなるぐらい大量の分析結果を出してしまうのです．そんなときは，集計分析を行ったうえでさらに高度な多変量解析を行っていたとしても，分析の最後にもう一度最初に行った集計分析が適切であったかを見直してみるのがよいでしょう．おそらく変数の組み合わせやカテゴリーの取り方に手を加えて集計し直した方が，分析結果をより適切に表現できる部分があることに気づくはずです．いい換えると，分析は集計にはじまり，集計に終わる，ということができます．一番初歩的なことですが，集計をバカにしてはいけません．

　なお，この集計結果についても，その数字の大小だけで判断できることばかりでもありません．その現象の背後に横たわっているさまざまな事柄にも思いを馳せながら考察を加えていく必要があります．たとえば筆者の経験上，地域に対する満足度評価では若年者より高齢者の満足度が高くなる傾向にあります．それは，実際にそこが満足できる場所だからそこに住んでいるというように考察することも可能ですが，すでに将来的な選択肢が少なくなった高齢者が，自分の人生を納得するうえで，自分の住んできた場所を肯定的に捉えるほうが精神衛生上よいことが影響しているかもしれません．つまり，高齢者が「満足している」という答えを返してきても，実際には何か不便があって，実態では困っているという可能性があるのではないかと，自分の調査結果を疑ってみる必要もあるということです．

　また，アンケート調査の結果は絶対的な判断ではなく，相対的な判断に基づいて回答がなされることも少なくありません．たとえば，政令指定都市である川崎市は都市化が十分進んでさまざまな機能が集積しているにもかかわらず，地方の県庁所在地居住者よりも都市機能集積が低いと回答する傾向があります．これはその位置がより都市機能集積の高い東京都と横浜市の間に挟まれているため，周囲の都市よりも相対的

に都市機能が弱いと居住者は感じているためです．単なるアンケートの集計結果であっても，このように考察を進めるうえで注意が必要であり，また同時に地域の特徴を解題していくうえで極めて興味深いポイントが数多く含まれています．

6.4　データとデータの関係を読み解く：独立性の確認

6.2節で所得分布を見たように，まず一つのデータの状況を見ることが分析のスタートです．そのうえで二つ以上のデータでその間にある関係性を見ていくことが分析の手順としては一般的です．ここでは，まず簡単な二つのデータ間の関係を読み解く事例から考えて見ましょう．最初に行うことが多い分析として，二つのデータの間に何らかの関係性が見られるかどうかの確認です．二つのデータの間に関係性が見られない場合，両者は互いに**独立**（independence）であるといいます．二つの変数が独立であるか，独立でないかの感覚をつかむために，以下で，まちづくりワークに関係しそうな例として，あるまちの居住者の外出先がどのようなことに影響されそうかという事例で考えてみましょう．

表6.1に性別の違いと外出先の関係を一例として示します．性別の違いが外出先（都心か郊外か）の割合に影響がなく，いずれの性別であっても都心と郊外の割合は3：2で同じです．このようなケースの場合，性別と外出先の関係は互いに独立であるといえます．

表6.1　二つの変数（外出先・性別）が独立である場合

性別＼外出先	都心	郊外	合計
男性	30人	20人	50人
女性	30人	20人	50人
合計	60人	40人	100人

つぎに，表6.2に，自動車保有の有無と外出先の関係を一例として示します．この例では先の表6.1とは異なり，自動車をもっていない人が都心を指向する一方で，自動車をもっている人は郊外を指向する傾向にあることがわかります．このような場合，自動車保有の有無と外出先の関係は独立ではないということになります．

なお，表6.1と表6.2に示した100人が同じサンプルであった場合，外出先に影響するのではないかと考えられるさまざまな変数をチェックしていく中で，性別の違いについては関係なさそう（独立）で，一方で自動車をもっているかどうかが影響しそ

6.4 データとデータの関係を読み解く：独立性の確認　　83

表6.2　二つの変数（外出先・自動車保有の有無）が独立でない場合

自動車保有の有無 ＼ 外出先	都心	郊外	合計
保有なし	45人	5人	50人
保有あり	15人	35人	50人
合計	60人	40人	100人

うだという流れで現象を把握していくことになります．実際のワークではこの二つの変数だけではなく，ほかに外出先の違いに影響を及ぼしそうな変数には何がありそうかということを考えることになるでしょう．「政策」として外出先に影響を及ぼす取り組みが必要な場合，外出先という変数に対し，独立性が十分に低い変数（＝何らかの関係があると類推される変数）を見出すことが求められます．

◆補足◆

　数学にはこのような独立性の程度を数値で客観的に確かめる方法があり，それを**独立性の検定**（test for independence）といいます．厳密な説明は本書には難しく，紙面の都合もあるため省きますが，この検定の考え方は以下のようになります．表6.1のように完全に二つの変数が独立であった場合の各マスの値（独立の場合の理論値）と，表6.2の各マスの値（実測値）の差の大きさの2乗を，サンプル数の大きさなどを勘案しながら総和した値の大きさで判断します．この値が大きくなれば，両変数の間の独立性は認められないということになります．本書では数式展開での説明を極力おさえているのでこのような文章での説明となりますが，実際にこのような独立性検定を実施される場合は，先述した統計関連のテキストに詳細な論理展開と数式が記載されていますので参考にしてください．なお，このような理論値と実測値の差の2乗値の総和を取って検定を行う方法は，その出現パターンの分布の名称を採用し，χ^2**検定**（**カイ2乗検定**）（chi-square test）とよばれています．

　なお，χ^2検定はこのような変数間の関係の有無を見ることに活用されるだけでなく，ある現象が出現するパターンが特定の法則にあてはまっているかどうかを確認するための手段（適合度検定）としても用いられます．歴史的によく知られている例としては，メンデルが遺伝の法則を導いた際，種子の異なる形状の出現パターンがあらかじめ想定している法則にあてはまっているかどうかを検証したケースなどが典型例です．まちづくりワークでの適用事例としては，A地区の意識調査（たとえば，世論調査の「満足」〜「満足でない」の回答構成比）が全国の同様の意識調査結果と同じような構成比といえるか（構成比が適合しているか）といった検討に応用できます．論文などを執筆するのでない限り，必ずχ^2検定を実施しないとならないというわけではありませんので，余裕がある人は勉強してみてください．

6.5 データとデータの関係を読み解く：共分散と相関

前節では，データを特定のまとまりに集計したグループ間の分析例を示しましたが，データが連続した数値で取れるものであれば，変数間の分析もよりその数値そのものを用いたより詳細な検討が可能となります（このような連続した数値で取れるデータは間隔尺度や比率尺度という名称で表現され，6.7 節で詳しく解説します）．たとえば，図 6.4 は 4 章で解説したパーソントリップ調査の結果を元に作成した，2015 年における日本の諸都市における市街化区域人口密度（x）と，一人あたり自動車 CO_2 排出量（y）の関係図です．この図を見ると，右肩下がりに諸都市がプロットされていて，市街化区域人口密度が高くなるほど一人あたりの自動車 CO_2 排出量は減少するという関係性が簡単に読み取れます．

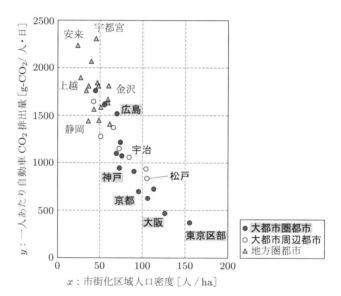

図 6.4　2 変数の分布関係の実例[11]
（2015 年の一人あたり自動車 CO_2 排出量と市街化区域人口密度の関連図）

このようなデータの分布状況が，xy 座標上で直線的に右肩上がりなのか，右肩下がりなのか，もしくはそのような関係性は見当たらないのかといったことは，連続的な数値を有するデータ間の関係性を読み解くうえで最も基本的なことです．そのような変数間の関係性を客観的に，かつ簡潔に表現する数値に共分散という指標があり，さらにその指標を標準化した**相関係数**(correlation coefficient)という指標があります．

（1）共分散

まず，基礎となる共分散の考え方を一つひとつ見ていきましょう．たとえば，データの分布状況が xy 座標上で直線的に右肩上がりということは，図 6.5（a）で考えると，ⅠとⅢの領域にたくさんのデータがプロットされているということになります．なお，この図においてⅠ～Ⅳの領域を中央で区切るのはそれぞれ x の平均値である $\bar{x}$ と，y の平均値である $\bar{y}$ です．このうち，Ⅰの領域に分布する点群 (x_i, y_i) の共通の特徴は，図 6.5（b）でわかるように，「x_i の値は $\bar{x}$ より大きく，また y_i の値も $\bar{y}$ より大きい」ということです．すなわち，Ⅰ領域では，$(x_i - \bar{x}) > 0$ かつ $(y_i - \bar{y}) > 0$ であり，その両者の掛け算を考えると，

$$(x_i - \bar{x})(y_i - \bar{y}) > 0$$

の関係が常に成り立ちます．

同様に，Ⅲ領域に分布する点群の共通の特徴は，「x_i の値は $\bar{x}$ より小さく，また y_i の値も $\bar{y}$ より小さい」ということです．すなわち，Ⅲ領域では，$(x_i - \bar{x}) < 0$ かつ $(y_i - \bar{y}) < 0$ であり，今度は負と負の掛け算になるため，こちらも

$$(x_i - \bar{x})(y_i - \bar{y}) > 0$$

の関係が常に成り立ちます．

おわかりいただけるかと思いますが，ⅠとⅢの領域における点群は，いずれもその個々の座標値と各変数の平均値との差分の掛け算がプラスになるのです．

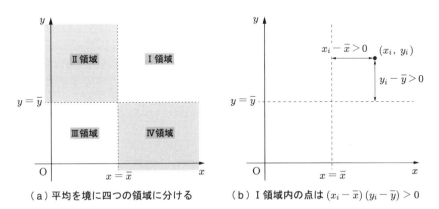

（a）平均を境に四つの領域に分ける　　（b）Ⅰ領域内の点は $(x_i - \bar{x})(y_i - \bar{y}) > 0$

図 6.5　共分散の概念整理

一方で，xy 座標上で直線的に右肩下がりの点群を構成するⅡとⅣの領域について，同様の計算を考えるとどうなるでしょうか．たとえば，Ⅱ領域の点群の共通の特徴は，

86 第6章 地域分析の基礎と考察

「x_i の値は $\overline{x}$ より小さく，また y_i の値は $\overline{y}$ より大きい」ということです．つまり，$(x_i - \overline{x}) < 0$ かつ $(y_i - \overline{y}) > 0$ であり，

$$(x_i - \overline{x})(y_i - \overline{y}) < 0$$

の関係が常に成り立ちます．

　同様に，Ⅳ領域の点群については，今度は正負が逆になり，$(x_i - \overline{x}) > 0$ かつ $(y_i - \overline{y}) < 0$ となることで，Ⅱ領域と同様に

$$(x_i - \overline{x})(y_i - \overline{y}) < 0$$

の関係が常に成り立ちます．

　以上でお気づきかと思いますが，散布図上にあるすべての点に関し，

$$(x_i - \overline{x})(y_i - \overline{y})$$

の値を計算すると，ⅠやⅢ領域に分布する傾向が強い場合にはその合計値はプラスに，ⅡやⅣ領域に分布する傾向が強い場合にはその合計値はマイナスになることが理解できます．この合計値を点の数 n で割って一つの点あたりの平均値にしたものが，**共分散**（covariance）です．共分散を数式で表示すると，以下のようになります．

$$s_{xy} = \frac{(x_1 - \overline{x})(y_1 - \overline{y}) + (x_2 - \overline{x})(y_2 - \overline{y}) + \cdots + (x_n - \overline{x})(y_n - \overline{y})}{n}$$

(6.3)

　ちなみに，式 (6.2) で変数 x だけの単独の分散の計算式を提示しましたが，ここでは，x と y という二つの変数がどのように「共に」分布しているかということを見ているため，共分散という名前がついています．なお，四つの領域に均等に点が分布していると，正と負の値が打ち消し合って，s_{xy} はゼロに近い値になります．

（2）相関係数

　式 (6.3) で求められる共分散の値の大きさは，元々の x や y の値の大小によって，変化してしまいます．データの分布が右肩上がりか，右肩下がりか，それとも均等に分布しているのかを検討する際は，その分布形状のみに着目しているのであり，数値の大小による影響はむしろ邪魔になります．とくに，分布間での相互比較などを行う場合には，この共分散を一つの指標として使えるようにするために，データ値の大小にかかわらない標準化を行っておく必要があります．標準化を行うためには，x のデータの大きさ情報と y のデータの大きさ情報を消す必要があり，具体的には，x の標準

偏差 σ_x および y の標準偏差 σ_y で，共分散 s_{xy} を以下のように割ってやります．

$$r = \frac{s_{xy}}{\sigma_x \cdot \sigma_y} \tag{6.4}$$

このように標準化した共分散，つまり式 (6.4) の r のことを相関係数とよびます．

相関係数 r は点群の分布の「直線的傾向の強さ」を表現する指標で，-1 から $+1$ の間の数値を取ることになります．$+1$ に近いほど右肩上がりの直線的分布となり，-1 はその逆の右肩下がりとなります．また値が 0 に近ければ，四つの領域に点がばらついて分布していることを意味しています（図 6.6）．ちなみに，この r には単位がなく，そのような数字のことを一般に無名数といいます．

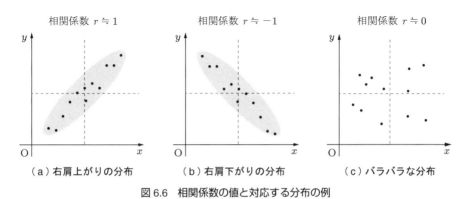

図 6.6　相関係数の値と対応する分布の例

（3）相関を見る際の注意

地域に関係するデータを分析する際，この変数は何と関係しているのだろうか，という問いによく直面します．そのような場合は必要な関係データを入手して，変数間の相関係数のチェックをしてみるというのが，まず行う作業の基本といえます．なお，注意が必要なこととして，相関係数で確認できるのは，あくまで変数間の直線的関係です．変数間には直線的関係以外にも，図 6.7 のように何らかの関係性が認められる場合があります．データの場合分けを行って部分的に分析すれば，意味のある相関関係が見られる場合もありますが，全体の相関係数を見ているだけでは大事な変数間の関係を見逃してしまう場合があることに注意が必要です．

また，もう一つよく誤解しがちなこととして，相関関係があるからといって，必ずしも**因果関係**（causal relationship）がある（一方の変数値の変化がもう一方の変数値の変化に影響を及ぼしている）とは限らないということです．関連して，「太陽黒点の数と経済活動には関係があるのではないか」というよく知られた例があります．

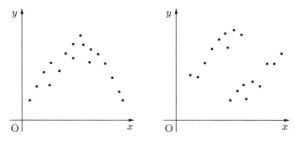

図6.7 相関係数で検出ができない変数間の関係の例

この例については，太陽黒点の数と経済活動の間には論理的に説明できる明確な関係性はないため，たまたま特定期間においてデータの変動傾向が一致しただけの「見かけ上の相関」があっただけという判断がなされています．このような見かけ上の相関はまちづくりワークの中でも往々にして発生します．たとえば，ある都市で鉄道の利用者数が増えたことと，高齢者の割合が増えたことが同時に発生していたからといって，高齢者が公共交通に乗るようになったからだということをそのことだけから結論づけることは早計です．実際には，高齢者はいつまでも自動車を運転しつづけており，鉄道で増えた利用者は実は海外からのインバウンド観光客の増加が原因であったというようなこともありえます．このような因果関係に関する判断は相関係数などの導出された数値から単純に決めることができるという性格のものではなく，現実がどうなっているかをよく知っているという別の素養が求められるということになります．

6.6 回帰分析

データ間の関係性についてもう一歩分析を進めると，二つの変数の間にある程度の相関関係が存在すれば，xの値を与えることで，それに応じてyの値を予想することが可能となります．具体的には，散布図上での点群にもっともあてはまる直線を図上に引き，その線上の座標点の数値を読み取ればよいということになります．たとえば，図6.4に例示した散布図の場合，図6.8に示す形でもっともあてはまる直線を引くことができます．このように，xの値を与えることでyの値を説明することから，xのことを**説明変数**，yのことを**被説明変数**（または**目的変数**）とよびます．具体的には，この直線の式は下記のようになります．

$$y = -15x + 2389 \qquad (6.5)$$

このような直線のことを**回帰直線**（regression line）とよびます．なお，数学が苦手

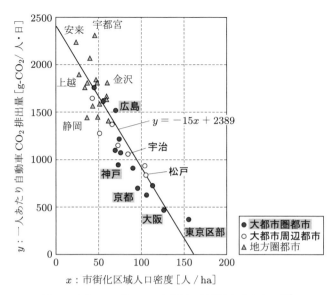

図 6.8　図 6.4 のグラフに回帰線の情報を加えたもの[11]

な人は，この回帰直線の意味する概念を理解いただければ十分です．

では，この式（係数：−15 や 2389）はどのようにして求められるのでしょうか．いまではデータが電子化されていれば，エクセルなどの表計算ソフトで簡単に回帰直線を求めることができます．それは，散布図上の点の分布に回帰直線が「最もあてはまる」という意味をどう一般化，数量化するかということで決まってきます．具体的には，x_i が与えられたときの回帰直線による y_i に対する予測値 y_{ie} がどれだけ実際の y_i の値である実績値 y_{ir} からはずれているか，そのはずれ具合（予測誤差 $e_i = y_{ir} - y_{ie}$）を全体にわたって最も小さくできるように，回帰直線の傾きと切片を求めることになります．回帰直線の一般式を式 (6.6) で表せば，x_i が与えられたときの回帰直線による y_i の予測値 y_{ie} は，式 (6.7) のようになります．

$$y = ax + b \tag{6.6}$$

$$y_{ie} = ax_i + b \tag{6.7}$$

データ全体の予測誤差の最小化を考えるために，予測誤差の平方和の合計値を最小化することを考えると，

$$(y_{1r} - y_{1e})^2 + (y_{2r} - y_{2e})^2 + \cdots + (y_{nr} - y_{ne})^2 \tag{6.8}$$

を最小化すればよいということになり，このことはすなわち，

$$\{y_{1r} - (ax_1 + b)\}^2 + \{y_{2r} - (ax_2 + b)\}^2 + \cdots + \{y_{nr} - (ax_n + b)\}^2 \tag{6.9}$$

を最小化することになります．x と y の観察された値を用い，このような予測誤差の2乗和を最も最小化できる a と b の値を求める方法を**最小2乗法**（method of least squares）といいます．最小2乗法の解き方は他書に譲りますが，式 (6.9) の最小化によって求めた回帰式は以下の形であらわすことができます．

$$y = \frac{s_{xy}}{\sigma_x}(x - \overline{x}) + \overline{y} \tag{6.10}$$
$$= r\sigma_y(x - \overline{x}) + \overline{y} \tag{6.11}$$

以上より，得られたデータの平均値，分散，共分散の計算方法を理解しておけば，誰でも回帰式を電卓レベルの計算で求められることがわかるかと思います．

このような回帰式を用いた現象の分析（回帰分析）は，直感的にわかりやすく，かつ論理も明快であることから，地域におけるワークでは最もよく用いられる分析方法の一つになっています．地域の賑わいや人口増加，地価の変化に何が影響を及ぼしているのか，それらを y（被説明変数）としたときに，どのようなデータが x（説明変数）としてよく現象を説明できるのかを確かめることは，慣れてくるときっと大変楽しい作業となるでしょう．実際にさまざまな社会現象に対して回帰分析を行っていると，説明変数 x が一つだけでは物足りなくなってきます．たとえば，地域の賑わいに影響を及ぼしている説明変数として，お店の数を x として取り上げてもそれだけでは十分な説明にはならないでしょう．たとえばそのほかにも，その場所が鉄道駅の近くかどうかといった，公共交通の利便性も説明変数として組み入れたくなります．

6.7　重回帰分析

前節の最後に述べたように，複数の説明変数を回帰式に取り入れることで，被説明変数に対する説明力を高め，その現象を包括的に理解していくということは，まちづくりワークを進めるうえで一つの典型的なプロセスといえます．複数の説明変数を取り入れた回帰式のことを**重回帰式**（multiple regression equation）といい，一般的な統計解析ソフトで分析できるようになっています．

実際のところ，どのように説明変数を準備して重回帰式を作成していけばよいかということについては一つのコツがあります．それは**残差**（residual error）に着目する

ことです．残差とは，特定の回帰式によって説明しきれずに残ったデータのばらつき
のことを指します．たとえば図 6.8 を用いて説明すると，回帰式によってデータのば
らつきのおおよその傾向は説明されていますが，どうしてもこの回帰線からはずれた
ところに位置している都市も散見されます．たとえば，宇都宮はこの回帰線より上に
位置し，神戸は回帰線より下に位置します．これは，宇都宮は市街化区域人口密度か
ら予測される一般的な一人あたり自動車 CO_2 排出量よりも実際の排出量の値が大き
く，この逆に神戸は値が小さいということを意味しています．これら回帰線からの隔
たりは，いずれもこの回帰線で説明しきれずに残った部分で，いずれも残差に相当し
ます．このような残差を生じる理由が何かを考えることで，つぎに加える変数が効果
的なものとなります．具体的には，宇都宮は広い平野部に四方に広がった都市である
のに対し，神戸は山と海にはさまれた細長い市街地で，後者のほうが線状に発達する
公共交通整備に向き，そのことが自動車利用を市街化区域人口密度から考えた場合の
平均値より低い水準におさまっているおもな原因かと思います．以上のことから，つ
ぎの説明変数として市街地の形状が線状かどうかということでダミー変数を入れてみ
ることが考えられます．

　ダミー変数とは，特定の条件に合致するサンプルには 1 という数字を与え，それ以
外のサンプルには 0 という数字を与えるものです．今回のケースでは，神戸のほかに
静岡なども特定の鉄道路線の周りに市街地が発達した線状市街地と判断され，あわせ
てこれらの諸都市もダミー変数の対象と考えるのが適切でしょう．このようにして説
明力のある変数を加えていくことで重回帰式が徐々にできあがっていきます．なお，
特定の説明変数の値が変化することによって，被説明変数の値がどの程度影響を受け
るかということは，回帰式に含まれるその変数の傾き a の値の大小によって決まる
ことになります．同時に，そのような傾き a が本当に存在するといえるかどうかは，
別途統計的な検定をあわせて行うことになります．a の値の分布は t 分布という正規
分布とは少し違った分布に該当することが知られており，確率的な観点から算出され
た a の値に意味があるかどうかが検証されます[12]．

　なお，重回帰式を組み立てるうえで新しい変数を加えていく際，すでに分析中に入っ
ている変数とは無関係な変数を入れていくことが大切です．これは，同じような傾向
を示す変数を複数入れてしまうと，現象を正確に説明できなくなってしまう**重共線性**
（multicollinearity）という問題が発生することによるものです．重共線性の問題をわ
かりやすく解説すると，都市におけるゴミの発生量を説明するための回帰式にその都
市の総人口を一番目の変数として入れたとします．そのうえで，二番目の変数として
男性人口を入れるのは不適切であるということは容易におわかりいただけるかと思い
ます．なぜなら総人口が多い都市は当然男性人口も多く，総人口が少ない都市は当然

男性人口も少なくなっており，両変数は内容的にも重なっていて，大小関係がほぼ相似形であるためです．このため，どちらの変数の大小関係によってゴミの発生量を予測していることになるのか，重回帰式上で数字的に特定できない状況となり，算出される数値が極端に振れたりすることも発生します．

6.8 主成分分析

変数間にある程度の関係性や代表性が読み取れる場合は，回帰分析を行うことで変数間の関係性が明確になります．一方で，まちづくりワークでよく発生する状況として，関係しそうな情報を集めてはみたものの，似たような内容と思われるデータがあったり，互いの関連性がよくわからなかったりで，どう手をつければよいかがはっきり決めづらいケースも散見されます．対象としている社会現象などの本質がよくわからないときは，往々にしてそのような状況に陥ります．

そのような場合の有効な方法として，データの数値パターンがよく似ている変数をとりあえずまとめてみるという考え方があります．難しい数学的手法を用いなくとも，われわれは日常生活の中でそのような情報整理を知らぬうちに行っています．たとえば，授業の科目はたくさんあって一概にその成績動向を把握することは難しいですが，数学や物理や化学といった教科の得点が高い人は理系，現代文や英語や古文といった教科の得点が高い人は文系，とまとめることに違和感はありません．この理系や文系といった新たな軸に多くの変数がもっている意味を集約することが**主成分分析**（principal component analysis）の本質です．すなわち，理系や文系という概念が主成分に相当し，その概念名についてはわれわれがふさわしい名前をつけてあげる必要があるのです．

まちづくりワークにおける例として，巻末付録のアンケートの問 15 の 3）を主成分分析にかけた場合を考えてみましょう．ここでは，10 以上の項目が例示されていますが，たとえば，「1．手数料」や「2．販売価格」については，コスト成分としてまとめられる可能性があります．また，「5．商品の品揃え」，「6．地元商品」，「7．手作り商品」などは，商品の充実度や特性として一つの成分になる可能性があるといえます．

付録より抜粋
（問15の3）

3) 民間の移動販売、宅配サービスなどの各種買い物支援サービスに、どのような特色があればより利用したいと思いますか。（あてはまるものすべてに○をつけてください）

回答欄
1. 手数料・登録料が無料　　　　　　2. 販売価格が安くなる
3. 会話が弾む販売員・宅配員の存在　　4. 安否確認サービスの附帯
5. 単位が少量で使い切りやすい商品の品揃え　　6. 地元商品が豊富
7. 手作り商品が豊富　　8. 電話・ファクシミリ・インターネットなど注文手段の充実
9. 注文後即日対応　　10. 要望があればどこでも実施してくれるなど実施場所の充実
11. 毎日定時での実施　　12. その他（　　　　　　　　　　　　　　　　）
13. どのような特色があっても利用したいとは思わない

　実際に主成分を求めるには，複数データのばらつき（分散）をもっともよく説明できる軸を互いに直交するように順番に定めていく方法を取ります．一番簡単な2変数の例を図6.9に示します．2変数 x と y がこのようにばらついているとき，両変数のもっともばらつきが大きい方向を説明する直線が第一主成分となります．ここで，もっともばらつきが大きい方向ということは，数学的には各点から第一主成分軸におろした垂線の2乗和が最小ということを意味します．そして，それに直交する残ったばらつきを説明する直線が第二主成分になります．

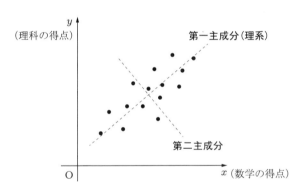

図6.9　主成分分析の基本的考え方

　ここで，もし x を数学の得点，y を理科の得点と考えれば，第一主成分は両方の得点が良いか悪いかを表す概念となり，理系軸と表現することができるでしょう．一方で，第二主成分にどのような意味が残されているかと考えると，数学は得意で理科が不得意，もしくはその逆の概念を含んでいます．ただ，主成分分析を何のために行っていたかということを考えると，複数ある変数の概念を集約してシンプルに物事を考えることが目的でした．そのような目で改めて第二主成分を見ると，元々の x や y の変数がもっていたばらつきよりも小さいばらつきしか説明していないことが図上からわかります．ここでの判断は第一主成分のみ採用し，第二主成分以下は採用しない（現象の本質ではない）として対応を行います．

変数がたくさん増えたときにどう判断するかという点については，統計解析ソフトが提示してくれる情報の中に，各主成分の**固有値**（eigenvalue）という情報があります．元の変数の平均的なばらつきよりばらつきに対する説明力が大きいかどうかということは，その主成分の固有値が1より大きいかどうかで判断ができるようになっています．図6.8より理解できるかと思いますが，得られる主成分の数は元々あった変数の数と同じです．n個の変数があれば，自動的に第n主成分まで求められます．そのうち，元々の変数の平均的なばらつきより大きなばらつきを説明できる主成分の数は限られ，現象の本質がその集約された主成分のみを見ていれば把握できるということになります．

なお，図6.9を改めてよく見ると，主成分は元々のxy座標を単に一定の角度だけ回転しただけのものだということがわかるかと思います．概念的にはn次元空間でもこれは同じで，現象を一番説明できるように新たな座標軸を設定し直す作業を行っていると考えればよろしいかと思います．

ちなみに，主成分分析に似た手法に**因子分析**（factor analysis）という分析手法があります．こちらは現象を説明する因子の数をあらかじめ定めておき，その因子数の範囲内でばらつきをもっとも説明できるように因子軸を定めていくものです．基本的な発想は両手法とも類似しているといえます．

6.9 数量化法

ここまで取り上げてきた回帰分析，主成分分析などはテストの点数などの量的（定量的）に測定できるデータを前提としていました．しかし，データには量的ではない性別，職業，病気の症状の有無，といった質的なデータも数多くあります．これらをうまくワークの中に客観的に取り入れる方法が**数量化法**（quantification method）です．なお，データの種類は厳密には表6.3に示す4種類に分類され，このうち**名義尺度**（nominal scale）と**順序尺度**（ordinal scale）が質的データに相当し，**間隔尺度**（interval scale）と**比率尺度**（ratio scale）が量的データに該当します．

数量化の代表的な手法として，林知己夫氏によって提案された数量化理論Ⅰ類，Ⅱ類，Ⅲ類といった方法があります[13]．数量化理論Ⅰ類は，質的な要因に関する情報を説明変数として，量的に測定された**目的変数（被説明変数）**（objective variable）の値を説明するための方法です．また，数量化理論Ⅱ類は，説明変数の値も目的変数の値も質的な情報である場合に適用される方法といえます．なお，目的変数の値が質的変数の場合は，判別分析という手法を適用することもあります．そして，予測すべ

6.9 数量化法　95

表6.3　データ（尺度）の種類

尺　度	例	解　説
名義尺度	性別，職業	分類そのものであり，単なる番号づけ．たとえ男性に1，女性に0という数字がデータとして割り振られていたとしても，その数値の大きさや大小関係は意味をもたない．
順序尺度	満足度，順位	「満足」，「どちらでもない」，「不満」といった順序関係をもつ回答で表現される尺度．たとえ大変満足から不満にかけて，5,4,3,2,1の数字がデータとして割り振られても，この数値は単に大小関係を示すだけで，5と4の差が2と1の差に等しいわけではない．
間隔尺度	温度（℃），年（西暦や平成）	数字の間隔に意味がある尺度．間隔尺度ではゼロの値が何もないという意味ではないため，たとえば，10℃は5℃の倍の温かさということにはならない．
比率尺度	収入，距離	ゼロの値が絶対的な意味を持つ尺度．すなわち，10kmは5kmの2倍の距離といった比率での議論が可能．

き目的変数があるわけではなく，サンプルの各変数への反応の仕方からデータの特性を読み解きたい場合は，数量化理論Ⅲ類を提供することになります．それぞれの手法に関する適用事例を回帰分析との対比も含め，以下に整理しておきます．とくに各手法において，目的変数と説明変数が基本的にどのような性質の変数から構成されるかについて，表6.4にまとめておきます．

① 回帰分析：

　　地価（量的データ）の値を，駅までの距離，その地域のオフィス数などの量的データによって説明する．なお，説明変数として質的なデータをダミー変数（該当すれば1，該当しなければ0の値を取る）として加えることも可能です．

② 数量化理論Ⅰ類：

　　地価（量的データ）の値を，その場所の土地利用規制，公共交通サービスの有無，開発事業の有無などの質的データによって説明する．

③ 数量化理論Ⅱ類：

　　地域の生活環境に関する満足度（5段階評価，質的データ）を，性別，職業，居住地などの質的データによって説明する．

④ 判別分析：

　　地域の生活環境に関する満足度（5段階評価，質的データ）を，居住年数，居住地から駅までの距離などの量的データによって説明する．なお，説明変数として質

的なデータをダミー変数（該当すれば1，該当しなければ0の値を取る）として加えることも可能です．

⑤ 数量化理論Ⅲ類：

さまざまな属性から構成される回答者が，地域環境に関する多様な設問（自然環境，交通環境，買い物環境，医療環境）について，何を重視しているかを回答している．どんな回答者がどんな地域環境を重視しているかを，回答パターンの類似性に基づいて回答者と地域環境をそれぞれグループ化することを通じて明らかにする．

表6.4 各手法で用いられる変数の種類

手法	目的変数 (y)	説明変数 (x)
回帰分析	量的変数	量的変数
数量化理論Ⅰ類	量的変数	質的変数
数量化理論Ⅱ類	質的変数	質的変数
判別分析	質的変数	量的変数
数量化理論Ⅲ類	目的変数・説明変数の区別なし	

6.10 分析結果の表示

以上のようにさまざまな統計手法を駆使することで，皆さんのまちづくりワークにおける分析の内容は，各段に味わい深く，また格調高いものになることでしょう．ただ，気をつけていただきたいのは，このような数理的分析の結果を提示する際に，極めて初歩的な配慮が足りないと，せっかくの優れた分析結果がプレゼンテーションの場などにおいてまったく伝わっていない状況を生んでしまうということです．以下では，これらデータに基づく分析結果を提示する際に陥りがちな失敗例から学ぶことで，一見簡単なようではありますが，留意が必要な諸点を整理しておきましょう．

（1）意味のある分析結果か

統計解析ソフトは便利なもので，何か数字を入れるとそれなりのアウトプットを出してくれます．そのアウトプットが分析の意図にかなった，提示することに意味があるものかはよく吟味してください．本書ではとくに詳細に触れませんでしたが，たとえば回帰分析では，その回帰式や説明変数がもつ説明力が十分かどうかの確認が必要です．回帰式が十分に点のばらつきを説明していれば，相関係数の2乗に相当する決定係数という値が十分に大きくなっているはずです．個別の説明変数に関してもその

有意性を示す統計値があわせて算出されますので，とくに意図がない限り，説明変数は統計的に有意なものに限るようにします．

（2）統計解析ソフトの出力をそのまま使わない

学生の指導をしていると，統計解析ソフトが出してきた出力結果をそのままパワーポイントやレポートに貼り付けているケースが散見されますが，感心しません．そのままでは文字が小さかったり，不要な情報が残ったままであったりするため，提示用に図や表をわかりやすく作り直す必要があります．一例として，数量化分析の結果の提示例を図 6.10 に示します．一般に，統計解析ソフトからの出力は数字の羅列で提示されることが多いですが，それらを見やすい形に必要情報のみを抜き出して図化しておくということが考え方の基本です．

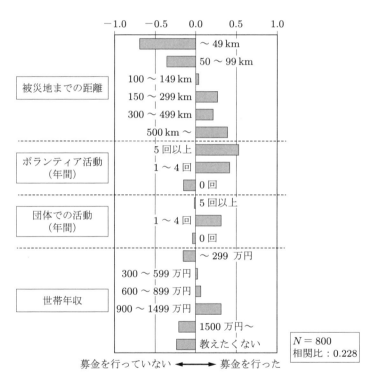

図 6.10　数量化分析の結果提示例
　　　　（東日本大震災に対する募金行為の実施要因分析[15])）

（3）単位を正しく表示する

図や表で，数値の単位が記されていないものは，いくら分析が完全であっても用を

なしません．たとえば，公共交通の利用者数の場合，（人/日），（千人/日），（万人/年），（人・km/年）など，さまざまなケースが想定されますが，単に座標軸に数字だけが記載されているグラフをよく見かけます．また，記載されている数値，たとえば同じ0.1でも，その単位が％値なのか（であれば，1/1000の話をしていることに），それとも比率なのか（であれば，1/10の話をしていることに）がわからないと，大きな解釈ミスを起こす可能性があることを否定できません．極めて当たり前のことですが，まず単位がきちんと記入されているかどうかの確認は必要です．

（4）有効数字に配慮する

計算機や電卓に計算をまかせると，表示可能な桁数まで自動的に算出して提示してくれます．たとえば，A市の人口が3万人から4万人に増えたとすると，その間の人口増加率は

$$\frac{4-3}{3} = 0.333333333\cdots$$

となります．このような数字をそのままプレゼンテーションやレポートに入れてしまうケースが後を絶ちません．作成者本人にそのようにした理由を尋ねると「詳しいほうがよいと思いました」という回答が返ってきますが，はたしてそうでしょうか．

これは詳しくてよいということではまったくなく，意味のない（有効でない）数字を必要以上に記載して不適切である，ということになります．では，いったいどこまでが有効という判断になるのでしょうか．筆者が理解する最もわかりやすい解説例は，図6.11のような実際の計測例に基づく解釈です．この図のような物差しで▲印の計測結果を読み取るとき，どの桁まで数字を読み取るのが適切か，という問いと同じです．この図では，目盛は1きざみ，補助目盛は0.1刻みで，▲印のあるところは補助目盛上は6.4の少しだけ手前ということになります．このため▲印のあるところが6.39と読み取ることができますが，これ以上の下位の桁数まではきちんと読み取る

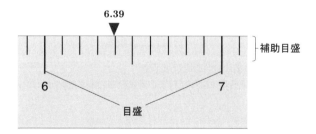

図6.11　有効数字がもつ意味（6.39が読み取れる限界）

ことができません．つまり，この例題で有効なのは 6.39 の少数点以下 2 桁までということになります．単に多くの数字を羅列することがよいとは限らないことをご理解いただければと思います．なお，有効数字を決める判断の助けになる尺度（ものさし）がない場合は，切りのよい所の 1 桁下までで留めておくのがよいでしょう．

（5）座標軸の起点はゼロ

ごく基本的なグラフ表示において，たとえば，図 6.12 の左のグラフのようなケースをよく見かけます．この図の何がいけないのでしょうか．図や表は，錯覚を誘発するようなものであってはいけないのですが，この図は錯覚を誘発させることを意図していようにも見えます．具体的には，縦軸の最下部が 0 からスタートせず，170,000 からスタートしていることです．このような表現方法を取ると，この市の人口増加は実際の比率尺度の比率を正しく評価した場合と比較し，急激に人口増加が進んでいるように読み取れてしまいます．

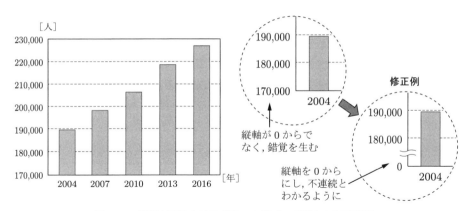

図 6.12 錯覚を誘発させるグラフの例（つくば市の人口増加）

一般に，座標軸は 0 を原点として左下に置くことが基本です．しかし，対象とするデータの変化が小さく，それをしっかりと拡大して見せたいときは，図 6.12 の右の修正例のように縦軸の下部を二重波線で一度切り，軸で提示する尺度自体が不連続であることを宣言する必要があります．

発展　共分散構造分析

　ここまで説明を行ってきた分析手法は，調査や統計書より集めたデータを直接用いて，その相互関係を見ようとするものでした．一般的にはここまでの手法で社会現象に関するさまざまな分析や考察が可能になります．一方，上記のような手法を使って分析を進めていく中で，表やグラフなどのデータとして見える社会現象の奥に，通常のデータ分析では拾えない潜在的な何かが隠されていると類推されることがあります．実際に観測したデータを用いながら，そのような現象の奥に潜む本質的な要素をあぶり出すことができれば，問題の抜本的な解決につながる議論がより容易になると思われます．

　このような一歩進んだ課題に対応するために用いられる手法として，**共分散構造分析**（covariance structure analysis）があります．この分析では，データでは直接観察できない**潜在変数**（latent variable）を導入し，潜在変数と観測された変数との間の因果関係を同定していくことで，対象とする社会現象を包括的に理解することを試みます．一般のまちづくりワークではこの分析手法まで用いて検討することはまれですが，分析対象によっては極めて有効な方法です．数学的な解説は専門書に譲り[14]，ここでは典型的な適用事例のみ図6.13に紹介しておきます．

　一般的に共分散構造分析の結果図では，観測変数は四角で囲み，潜在変数は楕円で示します．因果関係の存在が類推される変数間には矢印が挿入され，そのうえで影響度の大きさをあらわすパス係数が付されます．変数間で直接の矢印が引かれる場合は変数間で直接効果があるといえます．また，ほかの変数を経由して矢印がつながっていく場合は変数間に間接効果があるといえます．なお，結果図には変数間の相関係数値を双方向の矢印を挿入して記入する場合もありますが，図6.13では煩雑になるため相関係数値の記入は行っていません．

　図6.13は，個人による東日本大震災の被災地支援行為（募金，物品支援，現地ボランティア活動のそれぞれについて）が，どのような要因によって実施されたのかをネット調査での回答を元に共分散構造分析を通じて明らかにしたものです．ここで，四角で記載されている諸変数はアンケートで直接回答を得たり，また被災地までの距離のように，回答内容から作業を通じて算出することが可能なもの（観測変数）です．一方で，支援行動を行うかどうかは調査では確認できない個人の資質や心の問題による影響（潜在変数）が少なくないと思われます．この分析では，そのような潜在変数を，「余裕」，「ソーシャル・キャピタル」，「共助」，「地域活動」，「アクティブ」の五つに設定し，それらの相互関係も含めて構造化を行っています．

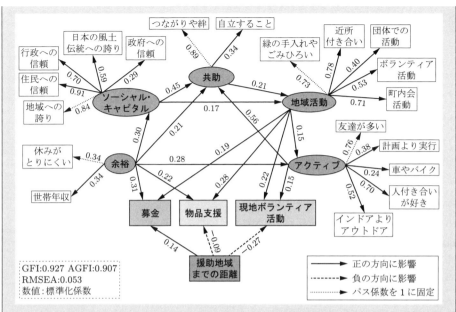

図 6.13　東日本大震災の被災地支援実施に関する共分散構造分析[15]

　簡単に説明しておきますと，被災地までの距離という変数の利き方から，遠方の人は現地ボランティアには行きづらいという現実が見えてきます．また，"共助"意識があるからといって，そのことがすぐに被災地支援につながるわけではありません（矢印が引かれていないため，直接効果はない）．ただ，共助意識のある人は自分の地域での活動に前向きで，そのような動きのある人はアクティブである場合が多く，アクティブでないと現地ボランティアを行うという行動はおこさない，という連鎖的な因果関係が読み取れます．また，十分な年収と休みが取れることが潜在的な余裕につながり，その余裕があることが被災地支援に直接，間接のさまざまな影響を及ぼしていることも読み取れます．このようなきちんとした分析を行えば，一部のマスコミが絆意識をあおるだけでは実質的な被災地支援にはつながらず，個人のどのような潜在意識に働きかけていけば効果的かということが客観的に理解できるでしょう．

参考文献

1) 大友篤：地域データ分析（改訂版），東洋経済新報社，1997.

2) 村山祐司・駒木伸比古：新版地域分析，— データ入手・解析・評価 —，古今書院，2013.

3) 半澤誠司・武者忠彦・近藤章夫・濱田博之：地域分析ハンドブック，ナカニシヤ出版，2015.

4) BellCurve：エクセル統計，https://bellcurve.jp/ex/

5) IBM：SPSS Statistics, https://www-01.ibm.com/software/jp/marketplace/spss/

6) 橋本智雄：入門統計学，共立出版，1996.

7) 東京大学教養学部統計学教室編：基礎統計学Ⅰ，統計学入門，東京大学出版会，1991.

8) 田中豊・脇本和昌：多変量統計解析法，現代数学社，1983.

9) 鷲尾泰俊・大橋靖雄：多次元データの解析，入門統計的方法 3，岩波書店，1989.

10) 厚生労働省：国民生活基礎調査の概要，http://www.mhlw.go.jp/toukei/saikin/hw/k-tyosa/k-tyosa15/index.html

11) 越川知紘・谷口守：都市別自動車 CO_2 排出量の長期的動向の精査 — 全国都市交通特性調査の 28 年に及ぶ追跡から —，土木学会論文集 G，Vol. 73，pp. 169-178，2017.

12) 久米均・飯塚悦功：回帰分析，入門統計的方法 2，岩波書店，1987.

13) 林知己夫：数量化 — 理論と方法（統計ライブラリー），朝倉書店，1993.

14) 涌井良幸・涌井貞美：図解でわかる共分散構造分析，日本実業出版社，2003.

15) 谷口守・山口裕敏・宮木祐任：他地域に対する市民レベルの援助実態とその参加要因に関する研究，— 東日本大震災をケーススタディとして —，都市計画論文集，No. 47-3，pp. 457-462，2012.

Chapter 7

議論の進め方と合意形成

未来を予測する最善の方法は, それを発明することだ.

—— アラン・ケイ

104　第 7 章　議論の進め方と合意形成

　ワークにおいては，さまざまな局面で議論を重ね，必要に応じて意見を取りまとめながらつぎのステップに進んでいきます．大きな流れとしては，地域情報や独自の調査結果をそろえながら，最終的な取りまとめやプレゼンに向けて集中的な討議が必要となるのが一般的です．本章では，そのような議論の進め方としてどのような考え方があるのか，また，その際にどのようなことに注意が必要であるかについて整理します．前半では，ファシリテータの役割，議論を効果的に進めるうえでの工夫を提示します．そのうえで後半では，各自が特定の役割を分担して議論を進めるロールプレイングゲームや，ワークのビジネスへの展開についても解説を加えます．議論を通じて得られた成果が地域の新たな未来をつくりあげていきます．

7.1　ファシリテータの役割

　ワークの議論の場において，すんなりと効果的な議論がすぐにできるというようなことはむしろまれです．実際に各チームで議論を進めてみると，下記のようなことがごく普通に見られます．

・あまりメンバーが発言せず，沈黙の時間が長い

・特定のメンバーのみが何度も特定の興味に従って発言する

・話の主旨とは無関係なコメントや，個人的な話題が出される

　このような状況を放置しておくと，本質的な議論がなされることなく時間切れになってしまい，うまく活かされれば価値を有したであろうさまざまな知恵が活かされずに終わってしまいます．そのような事態を避け，参加者が効果的に議論に参加でき

図 7.1　議論をリードするファシリテータ

るようにするために，ファシリテータ（1.4節）は，図7.1のように，場を仕切らなければなりません．

ファシリテータはまず，この場が何を議論する場なのか，参加者にはっきり伝えなければなりません．あわせて全体のスケジュールを確認し，何時までにどの程度の意見の集約を行う必要があるかという，時間軸上の見取り図も提示する必要があります．また，立場が異なる人が参加していることの意義，各自から意見を出してもらうことでさらなるよい意見が引き出されることを，参加者に最初の段階で伝えておくことが大切です．一方的に時間を消費して話をする人には途中で話を止める勇気をもち，また遠慮しては発言を行わない人には緊張を解いて話を振ってあげる必要があります．さらに，グループの人数が多い場合には，メンバーの一人ひとりがきちんと役割を担って問題解決に貢献しようとしているかということにも目を配らなければなりません（図7.2）．このように書くと，ファシリテータの役割はかなりの重責ですが，このような議論のマネジメントを的確に行えるようになるということは大きな快感でもあります．最初はうまくいかなくとも，周囲の人にサポートしてもらいながら場数を踏んでいくと，自信をもって対応できるようになります．

図 7.2　全員が議論に参加できているか？

7.2　効果的な議論のために

ここでは，議論を効果的に進めるうえで，留意したほうがよいことを何点か紹介します．

（1）立場の理解を通じ，参加者の意識を高める

　さまざまな組織や地域の代表者の方にお願いして参加していただき，まちづくりのためのワークショップを実施する場合，よくあるのは各代表者の方がそれぞれの組織の代表であることを意識して各組織の意見を代弁されるということです．代表者の方はそれぞれの組織のことをよくご存じなので，各組織の状況を教えていただいたりするには都合がよいのですが，場合によってはこのような形は合意形成を行ううえで各組織が圧力団体になってしまいます．各組織がお互いに譲り合わずに合意形成に至らないというのはまちづくりワークの陥る典型的な失敗例です．

　このような状況に陥らないよう，筆者はまちづくりワークショップを行う際は最初に必ず下記の発言を行います．

> 「皆さんはそれぞれ組織の代表で，それぞれの組織での改善要望や問題点をもってここに来ておられると思います．しかし，この場はそれをぶつける場ではありません．皆さんの知恵をもって全体で協力を行えば，よりよい方策がおそらく見つけられるものと思います．それを実行するためには，それぞれの組織で少しずつでも何がご協力いただけるかをお考えいただき，各組織にもち帰っていただいて情報共有のうえ，各組織の中で合意を取っていただくのが皆さんの役割です．」

　ワーク参加者には最初にこのように自分は各組織からの要望を出す代表なのではなく，各組織での合意形成を担う代表なのだということをしっかりと理解いただき，ワークに参加することの意識を高めていただくようにしています．このことが最初に参加者の頭の中に入れば，そのワークは成功したも同然といえます．

（2）フロー図とパーキングエリア（PA）[1] の活用

　参加者がいま何の議論をしているのか道に迷わないように，議論の最初の段階でワークの手順をフロー図化しておくことは有効といえます．もちろん最初の段階でワークの最後までの手順がすべて見通せるというわけではないので，ワークの進行に伴ってこのフロー図も適宜手を加えて修正していく必要があります．このような作業を通じて，あまりにもワークの本筋を関係がない展開とならないよう，ワークをマネジメントすることが容易になります．

　なお，そのようにしていても直接ワークとは無関係と思われる指摘や意見が出されるのはよくあることです．また，そのような意見を吟味した方がよいタイミングが後に訪れる場合もあります．このような場合はホワイトボードや模造紙の隅みにPA（パーキングエリア）というスペースを取っておき，とりあえずその意見はその別ス

ペースに掲示しておくという方法を取ります．このようにしておけば，フロー上の本筋の意見交換の障害となることはなく，また，あとで再度その意見については吟味の時間が与えられるということで，意見交換全体をスムーズに進めることが可能となります．

（3）代替案を並べてみる

　最終的に何かを提案する場合，最初から答えを決め打ちしないことは大切なことです．たとえば，2地域の間の交通条件改善を議論する際，鉄道をとにかく導入したいので，先に鉄道を導入することを決めておいて，それにあわせたデータを見繕って収集する，というのは適切な方法ではないことは冷静な頭では理解できましょう．しかし，そのようなことは往々にしてまちづくりワークの中で散見されます．

　鉄道以外にも，路線バスではどうか，コミュニティバスやタクシーではどうか，また移動手段にこだわらず，移動販売を導入してはどうか，居住地の再編を長期的に考えてはどうか，といったさまざまなプラン（＝**代替案（alternative solution）**）を議論の早い段階で並べてみることを心がけましょう．そうすれば，それぞれの代替案の利害得失を客観的に比較論考できるような条件を整えられ，代替案の絞り込みにおいては，あくまで利害関係のない第三者が見た際に違和感がないような，ワークの設計が期待されます．

（4）地図に落としてみる

　あわせて，代替案を空間的な尺度の中で比較検討することが求められます．このような場合，口で詳細を語るより，地図に実際に記入して視覚的にメンバーの中で情報共有してしまうのが最も手っ取り早い方法といえます（図7.3）．また，何も地図に

図7.3　地図に直接記入して考える

記入を行うのは代表者が一人一つの案を記入するということが決まっているわけではありません．むしろ，メンバー全員でボードの地図上に気づいたことをそれぞれに記入したり，貼り付けていく方法のほうが，そのプロセスの中で新たなアイデアが喚起されることが少なくありません（図7.4）．どこの地域を対象にどのようなサービスを提供するのかといった議論を行う際に，地図への書き込みは作業として不可欠です．

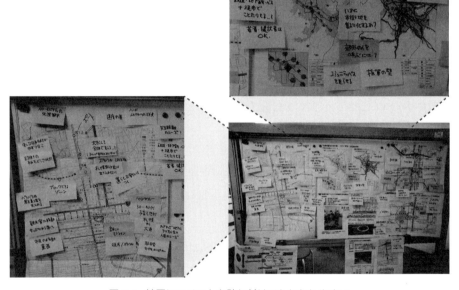

図7.4　地図にコメントを貼り付けてもわかりやすい

（5）部外者の意見を聴く

　メンバーがとくに同じ属性をもつ人の集まりであった場合，着想がなかなか広がらず，議論が活性化しないことが少なくありません．たとえば，まち中の実践で平日中心の活動の場合，ワークのメンバーとして高齢者や主婦・主夫が中心になっているならば，現役の社会人や学生のような着想は得にくいでしょう．また，大学の実習の場合，対象者は学生限定であるため，日常的な学生の生活範囲内での知見を超える意見や試みはまず出されることはありません．このような場合は，部外者の意見を聴ける機会を積極的に導入することです．とくに，学生の場合，社会人経験のある方から，実務の実際や関連する社会制度の仕組みなどを解説してもらうことには，大きな意味があります．

（6）議論を戦略的に展開する

　どの代替案を支持するかといったことで，チーム内のメンバーの意見が割れること
もあるでしょう．また，意見が割れるまでに至らなくとも，どの案を採用すべきか，
また重点を置くべきかは一概に判断できないことも少なくありません．つぎの 7.3 節
で説明する**ロールプレイングゲーム**（role-playing game）にも関係しますが，ワーク
の中で以下のような極端な行動を取ってみる機会を確保するというのも重要です．

　　・ある代替案に徹底的に賛同してみる．どのようにすればその代替案が認められる
　　　ようになるか，あらゆる論理の展開を考えながら，とにかくその代替案をサポー
　　　トする主張を練り上げてみる．

　　・この逆に，ある代替案に徹底的に反対してみる．その代替案に一理あると感じて
　　　いても，とにかくどんな論理展開をもち込んでも徹底的に反対してみる．

そして，この両方のプロセスをメンバーがそれぞれに担当して交代しながら役割を担
うことにより，現在提示されているどの代替案が論理展開上最も頑強であるかが自ず
と判明するということになります．

　これは，大学において取り組まれているすべての研究についても当てはまることで
すが，機会があるごとに「主観的」に自分の研究成果をポジティブに見てみること，
裏返して厳しい気持ちで「客観的」に不備がないかを吟味すること，この主観と客観
の明確な行き来を行うように心がけておくことが，よい成果を出すうえで極めて重要
な取り組み姿勢といえます．

◆補足◆

　　実際のまちづくりの現場では，積極的な意見を出す人は特定の取り組みに対する反対
意見をもっている人の場合が少なくありません．ほとんどの人は静かに座っているケー
スが多く，そのような場合，黙っている人の多くは取り組みに賛成している人の割合が
高いということも一般的によく知られています．このような意思表明しないけれども心
の中ではどちらかといえば賛成と考えている多数の人たちのことを，**サイレント・マ
ジョリティ**（silent majority）といいます．実際のまちづくりの現場で意見効果のファ
シリテータを担当する人は，このような多数のサイレント・マジョリティが隠れている
かもしれないということに配慮しながら意見交換を進める必要があります．

7.3 ロールプレイングゲーム

　先の節でも記載したとおり，特定の代替案についてどんなことがあっても賛成したり，またその逆に反対してみるというのは，論理的に頑強な代替案を導くうえで一つの有効な進め方といえます．ワークの参加者はそれぞれの組織を代表してコメントすることが一般的ですが，ワークに関係する組織のすべてから代表者が参加しているとは限りません．それならば，想定される組織の代表者になりきってその立場から議論を導いてみるということも，ワークの一つのプロセスとして行ってみる価値があります．これは，一種のゲーム感覚で取り組むことができ，そのような取り組みは**ロールプレイングゲーム**（role-playing game）と総称されています．まちづくりワークの中では，たとえば参加者の中から，市長役，賛成派住民，反対派住民，事業者役などの担当を決めて，議論をしてみることが考えられます．

　ここでは，実際に過去に国連ハビタットと岡山大学の共同で実施されたワークを例に取り，その内容を解説します．まず最初は，途上国におけるスラムの改善をどのように進めるべきかというテーマで，プレイヤーは「スラム住民」「国連ハビタット職員」「スラムを有する地方自治体職員」の3役を設定し，それぞれに人員を配置します．参加したのは国際問題に興味をもつ有志の学生で，国連ハビタットからは実際に専門の職員に来ていただき，はじめに学生が専門的な課題を理解できるよう，スラム問題の全容に関するブリーフィングを行ってもらいました（図7.5）．

図7.5　佐藤摩利子氏（当時国連ハビタット専門官，現在国連人口基金東京事務所所長）による全体ブリーフィング

　その話題提供を受け，図7.6のように，スラム住民役は自らがスラムに住んでいるつもりになって，居住環境改善のための要望をあげていきます．図7.7の付箋にあるとおり，病気，教育，衣食住に関する各種の課題をあげつらう形になります．それに対し，図7.8の国連ハビタット職員役は何がサポートできるか，図7.9のスラムを有

7.3 ロールプレイングゲーム　111

各グループのテーブルでは、役名がわかるように（ここでは「**スラム住民**」と記入した紙を貼付け）

図 7.6　スラム住民になりきって対応

「病気」「服がない」「住居が欲しい」など

役になりきって、思いついたことを簡潔にあげる

図 7.7　スラム住民の立場からの課題キーワードの作成

図 7.8　調整役となる国連ハビタット職員になりきって意見を出す

図 7.9　スラムを有する地方自治体職員になりきって意見交換

する地方自治体職員役はどのような対策を実行するかについて意見交換していきます．

当然のことながら，予算制約が存在するため，スラムを有する地方自治体ではスラム住民の要望をすべて満たすことはできません．また，スラム住民から得られる税収はそもそも乏しいため，ほかの住民に対してもスラム対策に予算を用いることの説明が十分にできないことに気づきます．国連ハビタット職員役はスラム住民と該当する自治体がどのように自助努力を重ね，自分たちで解決できることは解決できるように道筋をつける対応を試みます．また，特定の自治体だけの力では，新たに流入してくるスラム住民の増加をおさえることができないため，その国の政府をもプレイヤーとして引き込むことが必要であることが認識されます．

各プレイヤーは相互に何度か意見を戦わせ，当初は見えていなかったさまざまな課題に気づきながらそれぞれのプレイヤーとしての妥協点を探っていきます．最終的には，このスラム課題解決のチームとしてのプレゼンを行うため，図 7.10 のように最終プレゼン用にいままで出された付箋を整理し直す作業を行います．

図 7.10　プレゼン用に交わされた議論を再整理する

ちなみに，図 7.11 は地球環境（温暖化）問題の解決を課題としたルームの取りまとめの様子ですが，こちらは付箋の利用ではなく，模造紙に議論の流れを整理し直す方法を採用しています．こちらのルームでのプレイヤーはこの模造紙から読み取れるとおり，各国政府（日本，産油国，米国，欧州，中国，ブラジルなど）の役になっています．そのため，それぞれの国の立場をよく事前学習しておかないことには，効果的なロールプレイングゲームを実施することはできません．意義の大きな面白いゲームとするにはそれだけの準備と集中が必要となるため，このようなプロセスを経たワークは完成度が高まることは事実です．

図 7.11 地球環境ルームでは模造紙にロールプレイングゲームの結果を整理

7.4 議論の整理

　最初はなかなか意見をいわなかったメンバーも，ワークが進むにつれて議論に参加するようになってきたことと思います．最初はまだまだあると思っていた時間も，以外とあっという間に過ぎてしまい，取りまとめが必要となります．ワークを無限に続けるわけにはいかないので，内容が面白くなってきても，どこかで一度切らなくてはなりません．ファシリテータとしては，ぎりぎりまでを議論の時間とするのではなく，議論を切り上げる時刻を事前に定めておき，その時刻以降はプレゼンに向けての取りまとめ作業に切り替える必要があります．

　一連のワークで意見の一致が見られた部分はどこなのか，意見が割れたところはそれがどのような理由によるものなのか,再度全体を見直しながら議論の流れを整理し，提言をまとめます．また，あわせて，今後の課題として何が残されたかも明らかにします．プレゼンでは，それらのすべてを詳細に伝える時間はありませんから，何に重点を置いてメッセージを発出するのか，議論の整理を通じて，その戦略を明確にしておく必要があります．

発展 ビジネスモデルへの展開

本章ではいわゆる地域にかかわる課題に対する取り組みの例を示しましたが，ワークのテーマによっては，民間などによるビジネスベースのサービス提供や商品開発のあり方を模索する展開もありえます．そのような際に用いられる一つのひな型に，**ビジネスモデル・キャンバス**（business model canvas）というものがあります．ひな型にはいくつかのバリエーションがありますが，図7.12に示すようなブロックタイプの表形式のものが一般的です[2]．このそれぞれのブロックの中に，該当事項を流し込んでいき，それぞれの相互関係を矢印で結んでいきます．もちろんこのような議論は民間に限ったことではなく，行政が提供するサービスの価値を見直すうえでも非常に有効です．

キーパートナー Key Partners	主要活動 Key Activities	価値提案 Value Propositions	顧客との関係 Customer Relationships	顧客 Customer Segments
	キーリソース Key Resources		チャネル Channels	
コスト構造 Cost Structure		収益の流れ Revenue Streams		

図7.12 ビジネスモデル・キャンバスの書式の一例

このようなひな型を活用することの利点は，提案しようとするアイデアが社会に本当に受け入れられるかどうかを事前に紙の上でチェックすることが，ある程度可能となることです．とくに，ワークの議論の中では，さまざまな関係主体をどうつないでいくかということや，コストの存在に関する議論がややもすればおろそかになりがちです．プレゼンの場では，それら抜け落ちた視点に対しての指摘がされる傾向が強いため，取り組みのロジックを補強するうえでも意味のある検討となります．

参考文献

1) 森時彦：ファシリテータの道具箱，ダイヤモンド社，p. 28-29, 2008.
2) A. オスターワルダー，Y. ピニュール（著），小山龍介（訳）：ビジネスモデル・ジェネレーション ビジネスモデル設計書，翔泳社，2012.

Chapter

8 プレゼンテーション

作品を制作するときは，あらゆる人の批評を拒ん
ではならない．

―― レオナルド・ダ・ビィンチ

第8章 プレゼンテーション

ワークの成果を取りまとめた結果について，最後は参加者の前で発表する**プレゼンテーション**（presentation）（以下，プレゼンと省略）の機会をもち，内容の吟味を行うとともに成果を全員で共有することが望ましいといえます．わかりやすいプレゼンが実施できればワークでの成果は余すところなく参加者に伝わりますが，プレゼンが不十分であると，いままでのせっかくの努力が実を結ばないという残念な結果に終わってしまいます．その意味でプレゼンは非常に重要な意味をもちます．

本章では，このようなプレゼンを成功に導くうえでの基本的な考え方と知識を，はじめて取り組む人にもわかるように整理します．はじめに，プレゼンを行ううえで理解しておく必要がある大前提となる要件を示します．つぎに，どのような内容構成でプレゼンを実施するのかについて詳細な手引きを示します．そのうえで，プレゼンをうまく行うためのテクニックや，発表資料作成における留意点などをまとめます．さらに，質疑対応や司会の進め方についてもその手ほどきを行い，最後に，レポートのまとめ方についても言及を行います．

8.1　プレゼンテーションの重要性

大学の実習などにおいて最後に実施されるプレゼンテーション（図8.1）に限らず，また，地域でのまちづくりといった特定のワークに限らず，さまざまな場面でわれわれは何らかのプレゼンを行う機会に囲まれており，近年その傾向はますます強くなっています．学生であれば，卒業論文や修士・博士論文の発表会，就職の集団面接などにおいてすぐに重要なプレゼンの機会が訪れます．また，社会人であれば，会社内などにおいて企画立案の取り組みを発表する機会は数多くあるでしょう．以上のような

図8.1　一般的なプレゼンテーション風景

ことから，まちづくりワークのためだけでなく，プレゼンの技術を身につけておくことは大切なことといえます．上手にプレゼンを行うことは，一見特殊技能のように思われがちですが，そうではなくて，基本的なプレゼン技術をよく理解することと，あとは場数をこなすことで誰でも確実にプレゼン能力は向上します．

なお，プレゼンはワークの最終段階でだけ実施するというものでもありません．経験者が少ないチームであれば，なるべくワーク全体に時間的な余裕をつくるようにして，ワークの途中段階で一度中間プレゼンを実施しておくのがよいでしょう．プレゼンのあとには通常，質疑応答の時間を設けますが，中間プレゼンの際に聴衆から出されて対応が必要と判断される意見については，最終のプレゼン時にどの意見に対してどのように対応したか，簡単でもよいので一言説明を加えることができるようになるといいでしょう．プレゼンは何も最終発表のためだけにあるのではなく，ワークの内容を改善していくための一つのステップとして活用してもよいのです．

8.2　プレゼンの大前提

（1）聞き手のために行う

プレゼンを行ううえでの一番大事な前提は，「自分のために行うのではなく，聞き手のために行っている」ということを常に忘れないことです．プレゼンでは自分の考えや思ったことを表現できれば，それでよいというわけではないことに注意が必要です．聞き手にわかってもらえるかどうか，それが最も大切なことです．このため，聞き手がどのような人なのかをプレゼン準備を行う前によく理解しておかなければなりません．一般市民が対象であれば，専門用語の多いプレゼンは聞いてもらえないでしょう．高齢者が聞き手であれば，とくにゆっくり大きな声で話す必要があります．プレゼンの多くは社会に対して何らかのメッセージを発出する場ですので，聞き手の理解を通じて，どうすればそのメッセージが十分に伝わるかについて，注意する必要があります．

われわれは往々にして，自分がわかっているということを示すためのプレゼンをしてしまいます．また，その際によく見せることを考えるあまり，名文・名調子でどう話すかということを考えてしまったりします．必要以上に長く話してしまったりすることも，聞き手のためではなくて自分が話したいから話しているというケースが少なくないでしょう．プレゼンは自分のためのアリバイづくりではないということです．

（2）プレゼンあっての中身，中身あってのプレゼン

筆者は，プレゼンの基本を講義で説明する際，図8.2のような彼女へのプロポーズ（告白）の例をつかって説明することにしています．彼女へのプロポーズが成功するためには，まず図の左側の「確かな気持ち（中身）」があり，それを右側の「伝達（プレゼン）」によって伝えることが手順になります．この二つの事象がつながってはじめてプロポーズが成立します．いくら「確かな気持ち（中身）」だけが存在しても，それをうまく伝えなければ恋が成就することはありません．このような中身とプレゼンの関係は，簡略化すれば，図8.3のような直列回路の関係にあります．どちらかが欠けただけでも電気が灯ることはありません．

図8.2　彼女ができるまでの二つのステップ

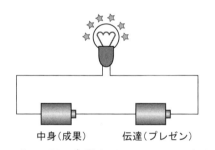

両者の関係は **直列**（どちらが欠けてもダメ）

図8.3　中身とプレゼンは直列の関係

ワークをはじめて始めようとする人の多くは，さまざまな準備を通じて分析結果としての中身は準備できたのだけれど，プレゼンは経験がないのでどうしてよいのかわからないというケースが多いかと思います．これは，図8.2の恋愛の問題に落とせば，気持ちはあるのに伝えられないという「不器用」で損をしてしまうというパターンです．一方で，この逆に，中身はないけれど伝達技術だけ上手という人も（筆者の周りにはあまり見かけませんが），たまには存在します．このようなプレゼンだけ上手な

人はあまり褒められたことではなく，中身がないことに気づいた人には，「詐欺師」のように見られかねません．中身とプレゼン，その両者がバランスよく噛み合うことが大切なのです．

なお，自分のプレゼンがうまくいかないと感じている人は，往々にしてプレゼンが下手だからうまくいかないのだ，と自分を納得させている場合がほとんどです．そのような場合はもう一度よく考えてみて，本当に中身が十分に準備されているだろうかということを吟味してみることも必要です．ワークでのプレゼンとは異なりますが，よくあるケースとして，英語など外国語でのコミュニケーションがうまくいかないと感じている場合，それは必ずしも伝達プレゼン能力としての英語能力が欠けているとは限らず，伝えるべきものが何かがわかっていない場合が実は少なくありません．「何を（中身）」「どう伝える（プレゼン）」はやはり車の両輪なのです．

プレゼンの基本構成

プレゼンの準備は定められた発表時間の制約を頭の隅におきながら，基本的な内容構成を並べてみるところからはじまります．後述するように，プレゼンでは多くの場合，パワーポイント（以降，パワポ）などで作成したスライドを図 8.1 のようにスクリーンに映して行われることが多いため，以下ではパワポなどによるスライドの利用を前提としたプレゼンの基本構成の考え方を整理します（図 8.4）．

```
┌─ 前置き ─┐  ┌─ 本　論 ─┐
│（1）背景　　│  │（6）対象地域の状況│  （11）まとめ
│（2）目的　　│  │（7）現地調査　　│  （12）謝辞，参考文献
│（3）先行事例│  │（8）ヒアリング　│
│（4）位置づけ│  │（9）アンケートと分析│
│（5）内容構成│  │（10）考察と提言│
└─────────┘  └─────────┘
```

図 8.4　まちづくりワークのプレゼンの基本構成

まず，プレゼンでは分析内容からいきなり解説を始めるといったことは普通は行いません．そのような進め方はあまりに唐突で，聞き手にとって極めてわかりにくいからです．ごく基本的なプレゼンの開始部分に関する構成の一般的な例を下記に整理します．具体的には，下記の（**1**）～（**5**）までが本論に入るまでの前置きに相当する部分です．なお，細かな順序などはそれぞれのワークによって必要に応じて適宜入れ替えても差し支えありません．

（1）そのワークを取り上げたことの背景の説明

ワークを進めるにあたって，なぜその課題を取り上げたか，その背景をまず説明しておくことが，聞き手にとってはわかりやすいイントロダクションということができます．たとえば，社会的に見て大きな課題，いままで誰も取り上げてこなかった，分析を試みられた例がない，極めて身近な日常的な話題である，放置しておくと必ず将来大きな問題になるなど，取り上げるワークの意義を余すところなく伝えられるような背景が記述されていることが期待されます．

（2）目的

背景を受け，このワークでは何を目的としているかをはっきり示します．この「何を目的にしているか」ということと，「どんな内容か」ということが，混同して語られることがよくありますが，両者はまったく別物です．目的は目的として，明確になるよう注意しましょう．最終的にこの目的を達成できたかどうか，最後の結論部分で改めて問われることになります．

（3）先行研究，過去や他地域での取り組み

2.4 節ですでに述べたように，ワークを始める最初の段階で，類似の取り組みが過去や他地域で行われていないかを，日本国内に限らず海外の文献も含め，徹底的に調べたかと思います．そこで見つけた，過去に行われた取り組み・研究や他地域での類似の事例について，きちんと全体像を把握して，その成り立ちを説明します．

（4）ワークの位置づけ

過去に，あるいは他地域で実施された類似の研究や取り組みの内容が明らかになってくると，それらに比して本ワークで取り組むことの意義がより明確になってきます．そのような，本ワークを実施することによって地域や世の中にどのようなプラスが生じうるか，ということを解説するのが，この「ワークの位置づけ」になります．位置づけが上手にできれば，そのワークは外部者に広く支持されることになります．

（5）ワークの具体的な内容構成

以上のような目的と位置づけを有する本ワークにおいて，具体的に何をどんな手順で行っていくかを，プレゼンの前置きの段階でわかりやすい見取り図として提示しておくことが重要になります．

8.3 プレゼンの基本構成　121

　ここまでが，本論部分のプレゼンに入る前に最低限必要な事柄です．実は，本論に入るまでにこのような基本的なステップを踏んでいくことが，本論をきちんと聞いてもらうためには重要なのです．

　これらの前置きを行い，聞き手に何をどんな目的で行っているかを理解してもらったうえで，（**6**）以降，本論に入ります．本論はいくつかの調査や分析から構成されることが一般的であるため，本論の中でも細かい構成が必要となります．あくまで一つの例ですが，本論について下記のような構成が考えられます．

（6）対象地域の状況

　地域・まちづくりワークで対象とする地域の基本的な状況は，聞き手にも理解してもらわなければ，以降の分析内容の価値も伝わりません．地図や写真でその場所の様子を伝えることからはじまり，人口や地域の特徴など，必要に応じて統計情報も援用して解説します．

　なお，プレゼンの基本的なミスとして，どこを対象として実施しているかということを説明せずに分析の解説に入るケースがよくあります．これは，聴衆は自分たちと同じような人たちに違いないという根拠のない思い込みによるものです．全国から人が集まる学会発表で，出席者の誰も知らないようなローカルな地域を対象にしているにもかかわらず，その地域について一言の解説もなくプレゼンがなされるケースをいままで何度か見たことがあります．これではプレゼンをする側と聴衆の間に距離を生んでしまうので，注意が必要です．

（7）現地調査の実施

　地域やまちづくりのワークにおいて，現場感覚のあるプレゼンは極めて重要です．現地調査は，テーマ決めのためや本調査実地のための予備調査として，詳細な土地利用実態の調査，時間帯別問題点の把握など，さまざまな理由やタイミングで実施されるため，一概にどのようにプレゼンすればよいという決まりはありません．ただ，その現場感が伝わるプレゼンは聴衆を引きつけますので，現地調査の記録や写真をプレゼン内で活用し，現場感を伝えることを心がけてください．なお，あとからあそこで記録や写真を取っておけばよかったという「後悔」がプレゼンの際に生まれやすいのも現地調査です．十分な記録や写真から厳選してストーリーを構成できるようにしておくことが大切です．

（8）ヒアリング調査の実施

　ヒアリング調査は特定の「人」にお願いすることになるため，プレゼンでその情報

122　第8章　プレゼンテーション

を活用する場合は，事前に本人の了解を得ておくことが必要になります．場合によってはヒアリング風景を直接動画で撮影し，それをプレゼンで活用するということも最近ではよく行われます．つぎに記述する「アンケート調査」と比較し，ヒアリング調査では，統計的な有意性が確保できるほどサンプルが取れないのが通常であり，プレゼンの中のストーリーとしてどこにヒアリングの話題を組み込むかは，その自由度が高いだけにセンスが問われるといえます．

（9）アンケート調査の実施とその分析

　プレゼンでは，往々にしてアンケートの結果だけが発表されることが少なくありませんが，どのような方法でサンプリングしたのか，サンプル数はいかほどあったのか，また，どのような尋ね方であったのか，といった基本的な情報も聞き手に内容をわかってもらううえで重要な情報です．また，統計的に実際にモノがいえるかどうかについては，得られた結果に対して統計的検定などを実施し，その客観性を担保しておくことが不可欠になります．おそらく，アンケート調査からは多くの集計結果やモデル分析結果のスライドが作成できると思いますが，それらの中から本当にプレゼンに必要なものを厳選するというプロセスが大切になります．

（10）分析結果から得られる考察と提言

　これは，プレゼンの核心部分といえます．統計データ，現地調査，ヒアリング，およびアンケート調査などを通じて得られた事実に基づく論拠を提示し，先に記述した目的に添う形で考察を列挙します．また，とくに，地域・まちづくりの現場と連動したワークであれば，具体的な提言について論拠をもって整理します．これらの内容は，プレゼンの組み立てによっては以降の「結論」「まとめ」などのパートでまとめて記述してもいいでしょう．

　以上のように，実質的な中身である（**6**）〜（**10**）の構成部分が完了すれば，最終的に，（**11**）結論（まとめ）において全体の取りまとめを行います．

（11）結論（まとめ）

　ここでは，全体の内容を残り時間に応じて改めて概観し，最初に述べた目的に対応する形で結論を整理します．なお，ここで述べる結論は，あくまでワークの中での取り組みからわかったこと，それから論理的に導けることに限ってまとめる必要があります．よくある失敗例は，ワークをしてもしなくてもいいたいことは決まっていて，ワークの内容とは関係なく結論を述べてしまうというケースです．このように書くと，

それは明らかにおかしいことがわかりますが，実際問題として，気づかずにワークから得られたこととは無関係なことを結論づけてしまう事例は実は少なくありません．

また，プレゼンの最後には今後の課題を整理して入れておくことが一般的です．今後の課題にも実はさまざまな要素があり，単に時間が足りなくて分析しきれなかったことや，まったく違うアプローチで同じ問題に取り組んでみたらどうか，といった課題の整理の仕方もありえます．

(12) 謝辞・参考文献リスト

実は非常に重要です．ワークを進めるうえでヒアリングに協力してくださった方々，重要なアイデアを提供してくれた人など，協力者は多岐に渡るでしょう．その中でとくに記すべき方々のお名前を，謝辞として明記しておくことは礼儀として大切です．あわせて，プレゼンをさせていただく機会があるということを，謝辞に記載した方々にはお知らせしておくことをおすすめします．

参考文献リストも忘れてならない大事なページです．その記載の仕方自体はまた本章の後半で詳述しますが，あるべき参考文献が記載されていないということは，場合によっては「盗用」を行ったという嫌疑をかけられかねられません．そのため，プレゼンの中で個々の参考文献について詳しく解説が必要というわけではまったくありませんが，参考文献の記載は必要です．また，参考文献リストは，詳しく知りたくなった聴衆にも，あとから同様のテーマでワークを始めようとしている人にも貴重な情報となることも，ご理解いただけるかと思います．

なお，このような基本的な構成は，何もプレゼンだけではなく，プレゼン時に同時に配布するレジュメや，また最終報告書の構成においても，上記に解説したものと同様の形態を取ると考えていただいて大きな問題はありません．

8.4　プレゼンの基本的な技術

ここでは，プレゼンにおける基本的な技術をいくつか紹介します．いずれも本章の最初で示したとおり，聞いている人にわかってもらうための技術です．

(1) 発表内容を厳選する

プレゼンにおいて最も重要なことは「捨てること」といえるかもしれません．プレゼンの時間は限られています．その時間の間に自分たちが取り組んだこと，議論した

ことを余すところなく盛り込もうとすると必ず時間が足りなくなります．このため，定められたプレゼン時間の範囲内に余裕をもってプレゼンができるよう，多くの材料を捨てること[1]が必要になります（図 8.5）．何を捨てて何を残すのか，その判断が極めて重要になります[†]．

図 8.5　大事な話題を厳選する[1]
[作画：横山大輔]

また，一般に，聴衆はプレゼン者に比較してそのテーマに関する基礎知識を有していません．プレゼンする側がこれで聞いている人はわかるだろうという発表速度では，往々にして聴衆はその発表内容についてこれません．たとえ話として，同じ時間の間に 10 の話題を詰め込んで話し，そのうち三つしか聴衆の記憶に残らないより，十分な説明を加えて 6 の話題を厳選し，そのうち五つが聴衆の記憶に残るほうが実は望ましいということです．往々にしてプレゼン担当者が 10 の話題を時間内に詰め込もうとするのは，突き詰めれば聴衆のためというわけではなく，自分が仕事をしたということを見せるためのアリバイづくりに過ぎないことが少なくありません．

ちなみに，英語ではこのように内容をなるべく本質的なものだけにシンプルとすべきことを，KISS の法則（Keep It Short and Simple）とよんでいます．なお，話す内容を精選しながらその総量を減らすとともに，各話題の時間を聴衆の飽きが来ないように適度に短くすることの重要性もあわせて指摘されています．とくに，日本人の発表は不要な前振りや言い訳の話が長いといわれており，意図的に簡潔に話すよう心掛ける必要があります．

[†] 不思議なことですが，十分なワークを重ねたうえでのプレゼンでは，多くの材料がプレゼンで捨てられたとしても，残ったプレゼンの内容にそのような内容的な厚みが自然と反映されます．この逆に，中身がまったくないものを付け焼刃で水増ししたプレゼンは，その発表を聞いただけで一瞬で中身がないことがばれてしまいます．

（2）発表時間を管理する

　話す内容がある程度固まってきたら，それらをどのような時間配分で割り振りながら全体を構成するかを考える必要があります．もしあなたがすでにプレゼン者として経験豊富なら，細かい時間配分を事前に考えなくともその場の雰囲気を見ながら話し方，話題の取り上げ方を臨機応変に変えていくことができるでしょう．そこまでの自信がないようなら，図8.6のように，それぞれのスライドで何を話し，それにどれだけの時間を割くかを綿密に組み立てておけば十分です．このよう進行時間のプランを事前に作成しておくことで，もし実際の進行がそのプランから何らかの理由でずれてしまった場合でも，各スライドの提示予定時間などを参考に，本来の時間進行プランに話をしながら戻していくこともより簡単にできるようになります．

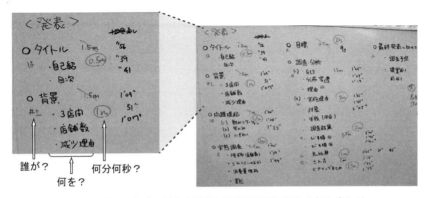

図8.6　ホワイトボード上の綿密な発表時間割り振りの打ち合わせ

　なお，発表時間を管理するうえで極めて大切なこととして，予定の終了時刻の厳守があげられます．プレゼンを行う際は，通常は何組かのグループが連続してプレゼンを行うので，自分のチームが時間延長してしまうと，それ以降のチームすべてに迷惑がかかってしまいます．学生の発表会なら，時間超過は休み時間がなくなってしまうということになりますが，これが社会人の会合で，また各地から関係者が集まっているようなワークの場では，ワークの終了時間が遅れることで予定していた帰りの飛行機に乗れなくなってしまう人が出てくる場合もあります．

　以上のようなことから，ワークのプレゼンにおいては，終了ベルが鳴ればそれ以後の分析の中身に関する発表はあきらめ，一挙に結論に飛び，それを見せながら発表を終了するということが求められます．プレゼンの初心者にとっては，そもそもこのような事態にならないよう，図8.6に示したように事前に綿密なプレゼン時間の調整を行っておくことが望ましいといえます．

（3）原稿を棒読みしない

　プレゼンにおいて，往々にして紙に書いた原稿をそのまま読み上げる人がいます．これは，そのプレゼンをつまらなくするためには最も的確で効果的な方法といえます．原稿を読んで話をする人はいつもうつむいていて，聴衆のほうに顔を向けません．聴衆との間に，つくらなくてもよい壁をつくっていることになります．投影されたスライドの話している部分を指すこともできないので，視覚的にいまどこが話題になっているのかも聴衆には確認できません．発表者は紙切れを見ている限り聴衆の反応を見ることができないため，その瞬間の空気を読むこともできず，臨機応変にその場にあった言葉を聴衆に投げかけることもできません．

　原稿を棒読みする人は，おそらく細かな間違いもしたくないという完全主義者なのかもしれません．しかし，これも自分のためにやっていることで，聴衆のためにやっていることではありません．繰り返しになりますが，聴衆にどうやれば一番わかってもらいやすいプレゼンになるのかを常に考える必要があります．

（4）声と視線に注意

　どのような声で話すかはプレゼンの成否を左右します．声が聞こえないプレゼンは最低です．また，単に声が大きければよいというものではなく，マイク使用の場合には逆に大きな音になったり，音が割れていないかの注意も必要です．なお，先述した原稿棒読みの場合は，話し方が淡々とした流れになる場合が多く，その意味でもおすすめできません．ほかにも，耳障りな口癖や，聞き取れない早口など，声だけを取り上げても効果的なプレゼンを行ううえで注意すべき点が数多くあります．

　また，「目は口ほどにものを言い」といわれるとおり，プレゼン中の聴衆へのアイコンタクトは極めて重要です．相手を見て話すということは，説得力を増すうえで必要不可欠な基本動作です．逆に，目線が定まらないということは，自信がない，不誠実，うそをついている，失礼な行為などとして判断されてしまうことがあります．体の向きも当然重要となり，少なくとも聴衆のほうを向いて話さないとアイコンタクトはできません．

（5）体をつかう

　声や目線の工夫だけでなく，体自体の動きも含めたボディランゲージをうまく取り込むことを考えるとより効果的です．指で画面を指し示すといった基本動作から，身振り手振りを交えるということも余裕が出てくれば可能でしょう．また，直接体は使わなくとも，画面の中でいま話しているところを指し示すポインターや指示棒は，さしずめ体の延長機能を有しているということになります．演壇や会場が広ければ，そ

8.4 プレゼンの基本的な技術　127

の中を歩きながらプレゼンテーションを行うというバリエーションも可能です．聴衆の中に入って行って直接意見交換をしながら話を進めるスタイルなど，柔軟な発想でプレゼンを捉え直してみてもよいでしょう．なお，身振り手振りもあまり大袈裟になると，過ぎたるは及ばざるが如し，ということで逆効果になることもありますので注意しましょう．

（6）動画やアニメーションを活かす

　近年では，さまざまな IT 機器やソフトウェアが充実し，プレゼンでの動画やアニメーションが容易に準備できるようになっています[†]．動画はとくに短時間にメッセージ性の高い情報を提供することができ，状況に応じて活用することを考えればよいでしょう．

　なお，往々にして発生するのは，実際のプレゼンの際に動画が画面上で動かないといったトラブルです．自分たちが普段しているパソコンの使用環境とプレゼン用に準備されたパソコンの使用環境が異なることがその原因である場合が多いため，実際にプレゼンで使用するパソコンでの事前の早めのチェックが必須になります．プレゼン時の機材をきちんと使いこなすという意味では，マイクが充電されているか，液晶プロジェクタがちゃんと点灯するかといったことまで含め，十分な余裕をもって会場での準備を終えておくことが必要です．

（7）事前の練習を繰り返す

　先にも書きましたが，プレゼンが上手かどうかは，おもに場数の問題です．プレゼンがうまいな，と思わせる人は，それだけいままで場数を踏んできており，おそらくプレゼンで困った経験も何度か乗り越えてきているはずです．自分にはまだ場数が足りないということでしたら，事前に発表練習を何度も繰り返すということが，結局のところプレゼン上達への一番の近道です．プレゼンでは緊張してしまうという人も，結局は十分な練習をしていないから不安に思うゆえなのです．ちなみに，このような本を執筆している筆者も，学生時代は博士入試のプレゼンでガチガチに緊張して，頭が真っ白になった経験があります．しかし，それ以降毎年何百人の学生を相手に授業していると，どのような大人数の前でプレゼンするにもまったく緊張しなくなってしまいました．慣れることが一番です．

　ちなみに，先に問題として指摘した，原稿を棒読みするというプレゼンは，単に事前の準備が不十分ということになります．本人は原稿を準備したので準備できている

[†] ドローンなども，使用許可が必要な場合もありますが，機材の価格も下がって以前より身近に使用できるようになりました．

と思っているかもしれませんが，それを用いて何度か練習を繰り返すと，話すべきフレーズが自然と頭の中に入ってくるはずで，それこそがプレゼンの準備になります．各スライドで話すべきキーの話題だけをしっかり記憶し，あとは原稿を見ないで，出てくるスライドを順次見ながらアドリブでよいので話題提供していくというスタンスが大切です．

8.5 パワポをどうつくるか

伝わる発表資料を準備しているかどうかでも，プレゼンの成否は大きく異なります．プレゼンの発表用ツールとしては，圧倒的にマイクロソフト社のパワーポイント（通称：パワポ）が使用される場合が多いので，ここでは，パワポをどう活用するかということについて触れておきます．

（1）紙芝居とパワポ

なぜパワポを使用することが多いかというと，それが初心者にとって，一番失敗しない紙芝居方式だからです．紙芝居方式とは，絵を見せてその内容を同時に語るという方法です．この方法であれば，多少話が伝わらなくとも，絵を見れば聴衆は何のことかはまず理解できます．また，紙芝居もパワポも事前には発表する絵やスライドは準備が終わっており，その順番どおりに話していけばよい構造になっています．話す側に取って，つぎの話題が何であったかをいちいち記憶し，思い出す必要がない仕組みといえます．

何もプレゼンのための材料を用いず，ただ自分の話だけでプレゼンを成功させるには，その話や話し方によほど惹きつけるものがないと成功しません．これは最もシンプルなようで最も高度なプレゼン方法で，落語家などプロの話し手並みのスキルや練習が求められることになります．

（2）わかりやすいスライドとは

上述のように，パワポがプレゼン初心者向けといえども，スライドに工夫がなければわかりやすいプレゼンにはなりません．ここでは，いくつかの実際に実習で利用された例を見ていただくことで，わかりやすいスライドとはどのようなものであるかを理解していただければと思います．そのためにまず，図8.7にあげたわかりにくいスライドの一例を見てください．何が問題かというと，

・何の情報を示したスライドなのかがそもそもわからない

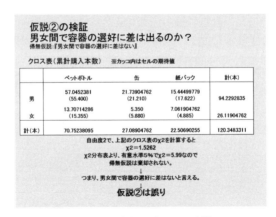

図 8.7　わかりにくいスライド

・さまざまな本来必要でない情報が詰め込まれすぎている

・各数字の意味が不明

・文字が小さく，教室などの広い発表会場でのプレゼンでは読み取れない

・有効数字の概念が理解されておらず，無駄に少数点以下に多くの数値が羅列されている

・自分の分析手順をメモのように並べているだけで，聞き手に説明する構成になっていない

などの点です．

　一方で，記載情報を絞ってわかりやすい情報提供を心掛けたスライドの例が図 8.8 です．このスライドでは一つの設問を設定してそれに応える形で得られた数値を強調

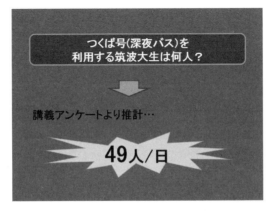

図 8.8　伝わりやすいスライド

して提示しています．この数値を導くうえではアンケート調査などを使用しています
が，あえてこのスライド中にはその詳細な情報は提示していません．そのようにする
一つの理由は，スライドへの記載内容をシンプルにするとともに，会場の最後尾から
もスライドの文字が読み取れるよう，十分大きな文字（ポイント数）で必要な情報の
みを記載するためです．式や細かい表などの記載はなるべく避けます．また，文章も
長くならないように注意し，なるべく文章よりはシンプルな単語でスライドを構成す
るように心がけます．ほかにも，印象的なプレゼンテーションとするために，グラフ
や図，写真を多用するように心がけます．文字だけの結論より，図とともに示した結
論のほうが，聴衆の忘却速度が遅いということも知られています．図はカラフルにし
た方がもちろんいいですが，一定の節度の元で上品さを損なわないようにしましょう．
　図8.8では，アンケート調査の内容に関する情報は別スライドとしてこのスライド
の前に提示するのがよい方法かと思いますが，場合によってはプレゼン時のスライド
には含めず，質疑対策用スライド[†]としていつでも出せるようにもっておくという考
え方もあります．

（3）パワポだけに頼らない

　もちろん，プレゼンにおいては，発表用のツールとしてパワポしか使ってはならな
いといったルールはありません．地図を張り付けたり，模型を作成したり，そのほか
に適宜小道具を持ち込んだりする試みもよく見られます（図8.9）．現場感覚や実態
の理解がプレゼンでは非常に重要であるため，たとえば駐輪場改造の説明のために，

図8.9　わかってもらうためにいろいろ持ち込む

[†] この質疑対策用スライドとは，プレゼン時のスライドには含めないが，質問が出た際にスムーズに回答
　できるよう，発表用スライドの後ろなどに入れておいていつでも使えるように準備しておくスライドのこ
　とです．別ファイルにしておいてもよいですが，質問が出てからファイルを開くようでは時間がかかって
　しまうので，プレゼン用ファイル内におさめておくほうが扱いやすいといえます．

プレゼン会場に実際に自転車を持ち込んで実演するといったケースもあります．また，発表者の服装をテーマにあわせて統一するなど，プレゼン効果を高めるための工夫はアイデア次第です．ぜひいままでにないオリジナルな工夫を加えることを試みてください．

8.6 レジュメの併用

プレゼンの際，資料を聴衆に配布するかどうかは一つの判断が必要なところです．一般には，パワポスライドをそのままプリントアウトしたものを配布するケースが多いといえます．聴衆に対してより親切に対応するならば，このようなファイルの打ち出しに加え，要点を文書としてまとめたレジュメを同時並行で準備すればなおよいでしょう．レジュメを作成する場合は，プレゼン資料がなくともそれだけで記録として読めるものを心がければ，後の世代にとっても参考になる資料となるでしょう．より経験を積んでくると，パワポで説明するには細かすぎるが，話の展開としてデータの詳細を示しておく必要がある情報をレジュメ側に掲載し，パワポとレジュメで提示する情報をうまく書き分けるといった使いこなしができるようになれば最高です．

8.7 質疑に対応する

プレゼンは，パワポなどを用いた発表が終了した時点ではまだ全体の半分にしかなっていないということを理解しておく必要があります．なぜなら，残りの時間はより神経の集中が要求される質疑応答の時間となるためです．とくに，質疑応答は経験がないと緊張すると思いますが，下記のような視点からその心づもりをしておけばよいでしょう．

（1）事前にどんな質問が来そうかを考えておく

余裕があればチームの中で事前に質問となりそうなことを相互に出し合い，回答が難しそうなものについては**想定問答集**を作成しておけばよいでしょう．

（2）落ち着いて質問の意図を理解する

質問者は必ずしもわかりやすい説明で質問してくれるとは限りません．質問の答えを考える前に，質問自体の意味がわからないということも，時には発生します．その

ような場合は落ち着いて，質問の内容を再度質問者に再度尋ねるようにしてください．発表者が理解できない質問を，まず聴衆も理解はできないので，そのような質問内容の再確認は，聴衆にとってもありがたいリアクションということになります．

（3）聞かれたことだけにコンパクトに回答する

　質疑の時間は限られているので，尋ねられたことに対し，コンパクトに回答することを心がけましょう．よく，質問とはまったく関係ない話に終始してしまう人がいますが，尋ねられたことのみに対して手短に回答するというスタイルが基本です．

（4）頭から否定するような回答は避ける

　質問内容がまったく的外れであったり，また敵対的な意見が含まれていることも，時にはあろうかと思います．しかし，そのようなときも，頭ごなしに相手を否定するような態度を取ることはまったくプラスになりません．質問内容が的外れである場合はプレゼン自体がきちんと伝わっておらず，そこに問題がある場合があります．また，敵対的な意見であっても，論理的かつ冷静に対応することで，むしろワーク自体の改善や，いままでまったく気づかなかった新たな方策に気づくきっかけになる場合がありますので，ありがたくお受けしましょう．

（5）返答で場の議論を活性化できないかを考える

　プレゼンの場に慣れてくれば，相手の質問する力を利用して，その場の議論を活性化する形で相手に質問を投げ返すこともできるようになります．とくに，質問者側が十分に考えないでとりあえず質問しているといったようなケースにこのような対応は有効です．また，会場には少数の質問を積極的にする人と，多数の何もしゃべらない人が混在しているため，出された質問を活用して，多数の何もしゃべらない人を巻き込んでいくという考え方もあります．場が活性化されると，プレゼンチームとは無関係にフロア内で意見の応酬がなされるようになるケースもまれにありますが，そのような場合は無理に議論をコントロールしようとせずに，むしろ有意義な意見がたくさん上がってくることを活かせればよいでしょう．

（6）答えられないときは素直にその旨伝える

　出された質問に対してどう答えたらよいのかそもそもわからない，また回答するための知識をもち合わせていない，といったケースも場合によっては考えられます．そのようなときは無理に繕って回答を作成するより，素直に回答できる水準にはないことを打ち明けた方がよいでしょう．また，わかっているけれど該当する資料がすぐに

8.7 質疑に対応する　133

出てこないといったケースも少なくありません．そのようなときは，その場では時間
節約のため，質問を受けるだけにし，回答はまた近日中に資料を送るといった対応の
仕方でも問題ありません．

（7）お見合いによる沈黙をなくす

たとえば，野球の守備で，野手と野手の間に飛んだフライをどちらも取れるはずな
のにどちらの野手も何となく相手に譲り合ってしまって，ボールが両者の間にポトリ
と落ちてしまうということが少なからず発生します．このような一種の譲り合いによ
る空白の発生は「お見合い」とよばれますが，プレゼンの質疑の場においても同様の
お見合いはよく発生します．出された質問はそれほど難しくなくとも，誰が答えるか
お互いに譲り合ってしまい，誰も何も話さない沈黙の時間が生じてしまうのです．こ
れは，チームの中でどんな質問が出れば誰が回答するか，阿吽の呼吸で対応できるよ
うになっているかということです．この問題への対処として，メンバーの誰か一人が
質問回答役としていつも答える形を取るチームが少なくありませんが，あまり美しい
形とはいえません．これもどれだけ発表練習をそのチームで重ねたかということに左
右されますが，十分に事前準備を重ねたチームの発表では，このようなお見合いの発
生を見たことはないのは事実です．野球の野手と違い，ぶつかってしまっても負傷し
てしまうということはないので，各自が積極的に質問である“ボール”を取りに行く
という姿勢が基本として重要になります．

（8）記録を取る

質問に対するその場での回答に直につながるわけではありませんが，どのような質
問が誰から出されたかをきちんと記録しておくことは重要です．もしもそのプレゼン
が中間発表であったなら，最終発表のプレゼンでは中間発表時に誰からのどういった
質問に対し，その後どう対応したということを具体的に回答することが一般的に求め
られます．この記録では，何月何日，どのテーマの誰の発表に対してどのような質問
があり，それに対して誰がどう回答したか，ということを記録者の名前も添えて記し
ておくことが重要です．もしそれが最終発表であったとしても，ワークの全体を総括
するうえで貴重な記録となり，チームのメンバーが今後成長していくうえでの重要な
参考資料となります．

（9）自分も質問してみる

質疑への対応を上達させるためには，単に自分が質問を受けるだけでなく，質問を
他者に対して行ってみることも非常に重要です．質問した経験がなければ逆に思いき

れないかと思いますが，とくに初心者にとっては，投げかけたい質問は心の中にあっても，どのタイミングで手を挙げるのがよいかが判断つきかねるでしょう．うっかり手を挙げ損ねると，あなたが考えたよい質問はおそらく誰かほかの人が尋ねてしまったり，誰も尋ねずに発表者も聴衆もあなたのよい質問の内容を知る機会を失ってしまったりします．このような残念なシーンを避けるため，もし質問のための挙手を行うタイミングが取りにくいと感じているなら，質疑の時間がはじまって最初に誰よりも早く手を挙げてみることです．

質疑の時間は限られていますので，質問はなるべく数を絞り，短時間で簡潔に尋ねなければなりません．その意味で，質問自体はその主旨が伝わる範囲において，短ければ短いほどよいといえます．また，本来この内容であれば会場にいる誰が質問すべきだ，といった最初は見えなかった流れも徐々に見えてくると思います．そのうち，質疑に割り当てられた短い時間の範囲内で，今回は自分は質問すべきでないという状況が時としてはあることもわかってきます．自らの質問技術の向上に伴い，「質問をする」，「質問をしない」，「質問もする」というプロセスを肌で理解できるようになることは重要です．

8.8 プレゼンの司会をする

さて，このようなプレゼンの場で司会者（進行役）を担うのも，発表者や質問者それぞれの考えや長所短所を理解することにつながるため，プレゼン力向上のための高度なトレーニングとなります．複数のプレゼンを秩序だてて進行し，質疑や時間の管理を全体としてマネジメントすることになります．まず，タイムキーパーはおそらく司会者以外から準備されると思いますが，司会者側も時間の流れを把握しておく必要があります．また，プレゼンに対して聴衆から質問が出ないときは，司会者が代わりに質問を行うことも時として期待されます．

ほかにも司会者が目配りしないとならない事柄は数多く，たとえば，プレゼンの途中から入ってきた聴衆が後ろで立っているときはどこか席を指示して座らせる，会場が騒がしいときは注意喚起して静かにさせる，配布資料が聴衆に行き渡っているか配慮をするといったことも，最終的には司会者の責任の下で行うことになります．

なお，ワークの最終的なプレゼンの場には，ヒアリングなどでお世話になった外部関係者をお呼びすることを考えてもよいでしょう．そのためには日程を早めにお知らせするなどの準備が必要となります．このように，外部からとくにお呼びした聴衆がいた場合には，質疑に参加いただくのはもちろんですが，プレゼンが終われば関係す

る各発表に対するコメントや講評を司会からお願いするのがよいでしょう．

8.9 最終レポート

　もし大学の実習であれば，プレゼンテーションの実施とあわせてグループごとにレポートを作成しておくことも求められるでしょう．また，一般のまちづくりにおけるワークの場でも，議論の経緯や合意結果の内容について，簡単な最終レポートとして残しておくことをおすすめします．最終レポートの構成はプレゼンの内容構成を踏襲して問題ないですが，基本的なこととして，最終レポートにも題目，作成メンバー，作成日の情報を最初にきちんと明記しておくことが必要です．

　なお，最終レポートの最後には，お世話になった方々への謝辞と，参考文献リストを忘れないようにつけておくことが必要です．とくに，何か考え方を参考にしたり，図表や文章を実際に引用したりした文献について，それらの情報をきちんと提示しておくことは下記の二つの意味から重要です．

（1）うっかりすると「盗作」に

　断りなく図表や文章を引用して出典元を明記しなければ，その行為は悪意がなくとも盗作になってしまいます．これは地図情報などにも注意が必要で，届けがきちんと出されれば，出典元の併記を条件に利用が許されるケースも少なくありません．雑誌の図や写真などを利用する場合は使用料金を請求される場合もあります．

（2）つぎに来る人のための道しるべに

　将来同じ方向性のテーマで取り組むチームがもし現れた場合，すでに最終レポートまで提出された取り組みの存在は，その到達点からつぎの取り組みをスタートさせることができるという利点になります．とくに，前に取り組んだチームが参考にした文献や資料の情報をきっちり残してくれていれば，あとから来るチームは何の資料があるのかという無駄な探し直し作業を省略することができます．

　すでに述べたように，参考文献リストの作成は，普段から調べた書籍や資料の情報をその場で記録するクセをつけていないと，大変な作業となってしまいます．筆者は自分の手書きメモが忙しい対応の中で間違ってしまうことを避けるため，各書籍の出版社や出版日が記載されている奥付ページをきちんとコピーするようにしています．

　なお，参考文献リストの提示の仕方にはそれぞれの学会などで定められたものがあり，必ずしも統一されたルールはありません．海外ではその引用法だけで1冊の本[2]

136 第8章 プレゼンテーション

が出版されているぐらいですが，ここでは国内の一例として，都市計画学会の引用文
献提示ルールを下記に示しておきますので，参考にしてみてください[3]．

◆都市計画学会 原稿執筆要綱より◆

参考・引用文献は本文に関わりあるものにとどめ，1），2），… の記号で本文該当箇所右
肩に示し，文末に引用順につぎの例を参考にして一括掲載すること．
　・単行本(1)：著者名（公刊西暦年号),「書名｣，参考・引用ページ，発行所名
　・単行本(2)：引用論文著者名（公刊西暦年号),「論文名｣，編著者名，『書名』，参
　　考・引用ページ，発行所名
　・雑誌：引用論文著者名（公刊西暦年号),「表題｣，掲載誌名，巻（号），参考・引用
　　ページ，発行所名
　・URL：著者，製作者名，ウェブページタイトル，言語の表示，入手先，入手日付

参考文献

1）谷口守：授業評価に基づくティーチング技術アップ法，技報堂出版，p. 37，2005.（作画：
　横山大輔）
2）Richard Pears and Graham Shields : Cite Them Right, Macmillan Education, 10th
　edition, Palgrave, 2016.
3）都市計画学会：学術研究論文発表会論文，一般研究論文，質疑対応，第1次審査用原稿
　執筆要綱［和文論文用]，http://www.cpij.or.jp/com/ac/upload/file/manuscript1j.pdf

Chapter

9

おわりに：地域・まちづくり
ワークへの期待

社会人とは地域のために尽くそうとしている人のことである．学生にも社会人はいるし，社会人と呼ばれている人の中にも社会人でない人はいる．

—— 関 正樹

138　第9章　おわりに：地域・まちづくりワークへの期待

　まちづくりに取り組んだり，地域の課題を解決しようとすることは本来クリエイティブで楽しいことです．さまざまなデータを分析し，考えの違う人との意見交換を進めながら，個性的なプランを練り上げていくことは，一度その楽しさを味わったら忘れられず，またやってみたいということになります．筆者も複数の大学で地域・まちづくりワークの実習を担当してきましたが，話さなければならない話題が決まっている通常の講義と，まちづくりワークでの実習は根本的に異なります．実習では今年はどんなテーマと提言が飛び出すか，毎年とても楽しみに取り組んできました．もちろん，まちづくりワークを通じて実際に地域に貢献できるような取り組みができればすばらしいことといえます．たとえそれが難しくとも，取り組んだ人一人ひとりがワークを通じて人間として成長していく様子を見ることができるということも大きな喜びです．さらに，そのようなメンバーとのかかわりを通じ，自分もワークを通じて成長できるということは大変ありがたいことです．

　一方で，わが国のまちが抱える課題は残念ながら年を追うに従ってどんどん大きく，かつ深刻になってきているように感じます．人口減少，高齢化，地域衰退，社会基盤の劣化，財政逼迫，空き家の増大など，成長のピークを過ぎたまちはいずれも重篤な「成人病」に罹患しているかのようです．人間であればこのような場合，人間ドックに行ったり，医者の指導を受けたりしながら体質改善や治療を行うことになります．それに対し，まちの成人病ははっきりいって放置されたままで，その症状はひどくなるばかりです．改善指導の役割を担う「まち医者」がどのまちにもいてくれればよいのですが，残念ながらそのような仕組みは制度としては存在しません．

　本書の冒頭に述べたような，国内の多くの大学における地域への貢献を主眼とした学科の再編は，このようなまち医者不足に端を発したところが少なくありません．これまでに行われてきた教員から学生への一方通行的な講義を通じての「座学」だけでは，このような地域の問題を具体的に明らかにし，そして解決に導くようなソリューションを提示することは難しいのです．まさにいま，地域・まちづくりワークの技法を身につけたまち医者を輩出することが各地で望まれており，またそれは何も大学の卒業生に限定されるべきことでもありません．本章のトビラの言葉にあるように，ささやかなまち医者としての役割を担う本来の意味での「社会人」が必要とされているのです．

　地域・まちづくりワークで扱う課題の中には，そのような短期的な取り組みの中では解ききれない課題があがってくることもあるでしょう．そのような解くことが難しい典型的な課題の事例として，たとえば，廃棄物処理施設を地域のどこに配置するか，といった問題があります．誰もが生活を行ううえで廃棄物を出すことになるので，地域のどこかには必ず配置しなければならないのですが，自分の近所にもってこられる

ことは望まないということが起こりえます．たとえば，英語圏のまちづくりの現場では，このような課題について，NIMBY（ニンビー）やLULU（ルル）といった表現がなされています．前者はNot in my backyard（私の裏庭にはもってこないで），後者はLocal unwanted land use（地域が好まない土地利用）の省略語です．日本語でいえば，さしずめ「総論賛成・各論反対」ということになりましょう．このような問題は本書で解説したようなワークだけでは解の提示が難しいのが実態です．海外では，このような場合，住民参加の場を通じて専門家が責任をもって裁定を行う仕組みが準備されている国もあります[1]．

　また，まちづくりに関する問題は多岐に渡るため，解決の道筋がワークを通じて見えたところで，それをどこの誰のところにもって行くのがよいかということも判断しかねる場合が少なくありません．たとえば，高齢者の移動手段を確保するための新たな提案は，市役所の公共交通の部署に相談すべきか，それとも福祉の部署に相談すべきか，誰もが悩むことになります．そういう行政組織の縦割りの壁の部分で，多くの有益な提言が止まってしまうことも少なくありません．ただ，分権化が近年急速に進んだことで，現在のまちづくりでは諸事において国などの上位機関が最終決定するという過去の仕組みから，地方自治体が住民の意見を聴いて決めるという仕組みにその基本が大きく変化しています．時代の流れは明らかに変わってきています．制度としては住民参加によって意見が出せる仕組みは整ってきていますので，よいアイデアがまとまったと思われるなら，関連すると思われる行政担当部署にまず相談してみるとよいでしょう．なお，ワークの過程において関連する行政担当部署とはすでにヒアリングなどを行っている可能性も高いといえます．そのようなつながりをうまく実際の政策展開に活かせるようにワーク全体をあらかじめデザインするということも実は重要な戦略です．

　最後になりましたが，本書で書いたことはこうしなければ正解ではない，という性格のものではありません．地域・まちづくりのワークは創意工夫で成り立っています．基本的な技術を習得されたなら，ぜひその地域にあった楽しい取り組みにトライしてみてください．

▌参考文献

1）たとえば，谷口守：第3者を交えた協議システムの可能性，── 英国のインスペクターを例に ──，都市計画，No. 224, pp. 48-51, 2000.

付録　アンケート実例

日常的な買物に関する調査

　地域の皆様の実情に即した買物利便性確保・向上策を検討するため、いわき市と筑波大学が協力して、地域ごとの買物ニーズなどを把握する調査・研究事業を行っております。皆様からお寄せいただきました回答内容は、今後の本市の各種施策展開等に向けた検討材料とさせていただきます。

　皆様からお寄せいただきました御回答は、統計数値を得る目的のみに使用し、個人を特定する分析などを行うものではありません。皆様の御理解、御協力のほど、何卒宜しくお願い申し上げます。

　なお、本調査は、市に代わって筑波大学が実施するものです。（委託事業）

いわき市　商工観光部商工労政課

筑波大学大学院　システム情報系　社会工学域

教授　谷口　守　　　学群生　森　英高

　記入がお済みの調査票は、同封の返信用封筒に入れ、切手を貼らずに、平成24年11月10日(土)までに投函して下さい。

　調査に関しまして御不明な点は、下記担当者までお問い合わせください。

問合せ先：森　（電話番号：090-****-****)

記入についてのお願い・ご注意
- 「日常的買物」とは、食料品や日用品などの日頃の生活のための買物のことです。
- あなたの世帯で主に「日常的買物」を行う方にご記入をお願いします。
- 「震災」とは2011年3月11日に発生した東日本大震災のことを指します。
- 回答欄に番号がある場合は、該当する番号を○で囲んで下さい。　　　（例：①　）
- 回答欄の中に（　）があるところは、適切な数字や語句をご記入下さい。（例：約（　10　）分）

1.あなたの現在の日常的買物についてお聞きします

問1　あなたは現在、それぞれの店舗やサービスをどの程度の頻度で利用していますか。
（項目ごとに1つ○をつけて下さい）

項目	回答欄					
	全く利用しない	ほとんど利用しない	月に1回程度	週に1回程度	週に2・3回程度	ほぼ毎日
1) 個人商店	0	1	2	3	4	5
2) マルト、ヨークベニマル	0	1	2	3	4	5
3) コンビニエンスストア	0	1	2	3	4	5
4) ドラッグストア	0	1	2	3	4	5
5) イトーヨーカドー、イオン、エブリア	0	1	2	3	4	5
6) インターネット通販	0	1	2	3	4	5
7) テレビ・カタログ通販	0	1	2	3	4	5
8) 移動販売	0	1	2	3	4	5
9) 買い物代行サービス	0	1	2	3	4	5
10) 宅配サービス	0	1	2	3	4	5

問 2　あなたが現在、日常的買物で最もよく利用する店舗についてお聞きします。（項目ごとに１つ○をつけて下さい）

項目	回答欄
1）行き先	所在地：平・小名浜・常磐・勿来・内郷・四倉・遠野・小川・好間・ 　　　　三和・田人・川前・久之浜大久・その他(　　　　　　　　　) 　　※もう少し詳細な地名が分かれば教えて下さい。(　　　　　　) 施設名：(　　　　　　　　　　　　　　　　　　　　　　　　)
2）店舗の業態	1. 個人商店　2. マルト、ヨークベニマル　3. コンビニエンスストア 4. ドラッグストア　　　5. イトーヨーカドー、イオン、エブリア 6. その他(　　　　　　　)
3）主な交通手段	1. 鉄道　　2. バス　3. 自動車(自分で運転)　4. 自動車(他人が運転) 5. タクシー　6. 原付・自動二輪車　7. 自転車　　　8. 徒歩
4）片道所要時間	約（　　　　　　　　　　　）分

問 3　現在、それぞれの店舗に行くために最もよく利用する主な交通手段は何ですか。（項目ごとに１つ○をつけて下さい）

項目	回答欄								
	鉄道	バス	自動車 (自分 運転)	自動車 (他者 運転)	タクシー	原付・ 自動 二輪	自転車	徒歩	行かない
1）個人商店	1	2	3	4	5	6	7	8	9
2）マルト、ヨークベニマル	1	2	3	4	5	6	7	8	9
3）コンビニエンスストア	1	2	3	4	5	6	7	8	9
4）ドラッグストア	1	2	3	4	5	6	7	8	9
5）イトーヨーカドー、イオン、エブリア	1	2	3	4	5	6	7	8	9

2.震災前後の変化についてお聞きします

問 4　震災前と比較して、あなたの日常的買物はどのように変化しましたか。（変化があった場合、変化のあった店舗や移動手段すべてに○をつけて下さい）

項目	回答欄
(1)買物回数	1) 変化なし 2) 減った　1. 個人商店　2.市内スーパー　3.市外スーパー　4.コンビニエンスストア 　　　　　5. ドラッグストア　6. 市内大型スーパー　7.市外大型スーパー 3) 増えた　1. 個人商店　2.市内スーパー　3.市外スーパー　4.コンビニエンスストア 　　　　　5. ドラッグストア　6. 市内大型スーパー　7.市外大型スーパー
(2)買物への 交通手段	1) 変化なし 2) 減った　1. 鉄道　　　2. バス　　　3. 自動車　　　4. タクシー 　　　　　5. 原付・自動二輪車　　6. 自転車　　　7. 徒歩 3) 増えた　1. 鉄道　　　2. バス　　　3. 自動車　　　4. タクシー 　　　　　5. 原付・自動二輪車　　6. 自転車　　　7. 徒歩

問 5 問 4 の(1)(2)のいずれか一方、又はその両方で変化があった方にお聞きします
なぜ変化しましたか。(あてはまるものすべてに〇をつけてください)

回答欄
1. 利用していた施設がなくなったから　　　　　2.新たな施設ができたから
3. 売られている商品が変わってしまったから
4. 自分自身の居住地が変わったから　　　　　　5. 車や自転車を手放したから
6. 利用できる公共交通が変化したから　　　　　7. 道路状況が変化してしまったから
8. 環境のことを考えて　　　　　　　　　　　　9. 肉体的に厳しくなったから
10. 精神的に厳しくなったから　　　　　　　　11. 自分自身の健康のため
12. その他(　　　　　　　　　　　　　　　)

3.現状の評価についてお聞きします

問 6　あなたは、現在の日常的買物で最もよく利用する店舗に満足していますか。(項目ごとに1つ〇をつけて下さい)

項目	回答欄					
	わからない	不満	少し不満	どちらともいえない	まあまあ満足	満足
1) 価格	0	1	2	3	4	5
2) 品質・新鮮さ	0	1	2	3	4	5
3) 品揃え	0	1	2	3	4	5
4) 自宅からの距離	0	1	2	3	4	5
5) 交通面での行きやすさ	0	1	2	3	4	5
6) 接客・サービス	0	1	2	3	4	5
7) 営業日・営業時間	0	1	2	3	4	5
8) 総合的に考えて	0	1	2	3	4	5

問 7 以下の状況になってしまった場合、日常的買物が困難になると思いますか。すでにその状況である方は、現在困難かどうかお答えください。(項目ごとに1つ〇をつけて下さい)

項目	回答欄				
	困難ではない	あまり困難ではない	どちらともいえない	困難である	とても困難である
1) 周辺で日常的買物ができる店舗がなくなる	1	2	3	4	5
2) 周辺の公共交通がなくなる	1	2	3	4	5
3) 市街地の駐車料金が有料又は高額になる	1	2	3	4	5
4) 渋滞がひどくなる	1	2	3	4	5
5) 車を運転できなくなる	1	2	3	4	5

問 8　現在、あなたの日常的買物環境はどのような状況にありますか。また、その状況について不便を感じていますか。(状況の有無・不便度それぞれ 1 つに〇をつけてください)

項目	状況の有無	不便度				
	〇：ある ×：ない	とても 不便である	不便で ある	どちらとも いえない	あまり不便 ではない	不便では ない
1) 日常的買物に満足 できる店舗が周辺にある	〇・×	1	2	3	4	5
2) 周辺にバス・電車などの 公共交通機関がある	〇・×	1	2	3	4	5
3) 車を運転できる	〇・×	1	2	3	4	5

問 9　10 年後、あなたにとって以下の状況になってしまう可能性があると思いますか。(項目ごとに 1 つ〇をつけて下さい)

項目	回答欄							
	わから ない	避難中の ため 考えられない	まったく ない	あまり ない	どちら とも いえない	やや ある	大いに ある	すでに その状況 である
1) 周辺で日常的買物が できる店舗がなくなる	0	1	2	3	4	5	6	7
2) 周辺の公共交通がなくなる	0	1	2	3	4	5	6	7
3) 車を運転できなくなる	0	1	2	3	4	5	6	7

問 10　いわき市の日常的買物環境をより良いものにするために、<u>あなた自身</u>は何ができると思いますか。(あてはまるものすべてに〇をつけてください)

回答欄
1. 地元のものを買うよう心がける
2. 公共交通を利用することで公共交通を存続させ、買物の足を確保できるようにする
3. 地域の集まりやイベント(例：意見交換会や軽トラ市・朝市)に少しでも参加する
4. 移動販売にボランティア・アルバイト・パートとして参加する
5. 買い物支援サービスを応援する募金があれば協力する
6. その他(　　　　　　　　　　　　　)　　7.何か貢献をしようとは思わない

4.移動販売や宅配サービスなどの各種買物支援サービスについてお聞きします

問 11　あなたはいわき市内で移動販売や宅配サービス等が行われていることを、以前からご存知でしたか。(最もあてはまる 1 つに〇をつけてください)

回答欄
1. 全く知らない　 2. 存在程度は知っている　 3. ある程度は知っている　 4. よく知っている

問 12　あなたの周囲に移動販売業者が訪れることがありますか。(最もあてはまる 1 つに〇をつけてください)

回答欄		
0.　わからない　　　 1.　全く来ない　　 2.　週 1 回程度　　 3.　週 2・3 回程度		
4.　週 5 回程度　　　 5.　要望すればいつでも来てくれる		

付録　アンケート実例　　145

問13 **問12で2.3.4.5を選択された方にお聞きします**　実際にどの程度の頻度で移動販売を利用しますか。（最もあてはまる1つに〇をつけてください）

回答欄		
1.　利用したことはない	2.　たまに利用する	3.　週1回程度
4.　週2・3回程度	5.　毎回利用する	

問14　あなたは移動販売についてどう思いますか。すでに移動販売をご利用の方は、実際に利用した感想をお答えください。（項目ごとに1つ〇をつけて下さい）

項目	回答欄				
	そう思わない	あまりそう思わない	どちらともいえない	ややそう思う	そう思う
1) 利用したい	1	2	3	4	5
2) 買物が便利になる	1	2	3	4	5
3) ふれあいの機会が増える	1	2	3	4	5
4) 実施回数が増えるとよい	1	2	3	4	5
5) 実施場所が増えるとよい	1	2	3	4	5

問15　移動販売や宅配サービスなどの各種買物支援サービスへの支援について
　（地域内の個人商店の廃業などにより日常の買い物に不便が生じている場合、これに代替する買い物支援サービスとして、移動販売や宅配サービスなどに期待が寄せられています。）

　1) 行政はどの程度、買物支援サービス事業者を支援することが望ましいと思いますか。（最もあてはまる1つに〇をつけてください）

回答欄		
1. 支援するべきではない	2. あまり支援するべきではない	3. どちらともいえない
4. 多少支援する方がよい	5. 積極的に支援するべき	6. わからない

→2) **前間で4. 5. を選択された方にお聞きします**　いわき市はどのような支援をするべきだと思いますか。（あてはまるものすべてに〇をつけてください）

回答欄		
1. 補助金制度の導入	2. いわき市民への宣伝・広報	3. 販売経路などの提案
4. 雇用の確保	5.その他（　　　　　　　　）	

　3) 民間の移動販売、宅配サービスなどの各種買い物支援サービスに、どのような特色があればより利用したいと思いますか。（あてはまるものすべてに〇をつけてください）

回答欄	
1. 手数料・登録料が無料	2. 販売価格が安くなる
3. 会話が弾む販売員・宅配員の存在	4. 安否確認サービスの附帯
5. 単位が少量で使い切りやすい商品の品揃え	6. 地元商品が豊富
7. 手作り商品が豊富	8. 電話・ファクシミリ・インターネットなど注文手段の充実
9. 注文後即日対応	10.要望があればどこでも実施してくれるなど実施場所の充実
11. 毎日定時での実施	12. その他（　　　　　　　　　　　　）
13. どのような特色があっても利用したいとは思わない	

5.あなたが普段使用する交通手段についてお聞きします

問16　あなたは、最寄りの公共交通の運行状況(路線・おおよそのダイヤ)をご存知ですか。(項目ごとに1つ○をつけて下さい。)

項目	回答欄				
	全く 知らない	あまり 知らない	どちらとも いえない	まあまあ 知っている	よく 知っている
1) 鉄道	1	2	3	4	5
2) 路線バス	1	2	3	4	5

問17　あなたが最もよく利用する公共交通サービスに満足していますか。(項目ごとに1つ○をつけて下さい)

項目	回答欄					
	わから ない	不満	少し 不満	どちらとも いえない	まあまあ 満足	満足
1) 運賃	0	1	2	3	4	5
2) お住まいから駅・停留所への距離	0	1	2	3	4	5
3) 運行頻度	0	1	2	3	4	5
4) 運行路線のルート	0	1	2	3	4	5
5) 定時性	0	1	2	3	4	5
6) 乗換のしやすさ	0	1	2	3	4	5
7) 路線図・時刻表の見易さ	0	1	2	3	4	5
8) 車両・施設のバリアフリー度	0	1	2	3	4	5
9) 総合的に考えて	0	1	2	3	4	5

問18　自動車の利用についてお聞きします。(項目ごとに1つ○をつけて下さい)

項目	回答欄
1) 自動車の保有	1.　自由に使用できる自動車を持っている 2.　家族共用の自動車を持っている　　　3.　持っていない
2) 自動車の利用頻度	1.　使用しない　　2.　週1回程度　　3.　週3回程度 4.　週5回程度　　5.　ほぼ毎日

6.あなたのお住まいについてお聞きします

問19　あなたの現在のお住まいについてお聞かせください。(あてはまるもの1つに○をつけてください)

回答欄
1.　持ち家戸建　2.　持ち家マンション・アパート　3.　賃貸戸建　4.　賃貸マンション・アパート 5.　社宅・寮・官舎　6.　応急仮設住宅　7.　雇用促進住宅　8.　知人の住まいに避難中　9.　その他(　　　)

問20　10年後のあなたのお住まいに関するお考えをお聞かせください。(あてはまるもの1つに○をつけてください)

回答欄
1.　今の住所に住み続けたい　　　　　　　2.　被災前の住所に戻りたい 3.　今の住所以外(被災前の住所を除く)に住み替えたい　　　4.　わからない

付録　アンケート実例　147

問21−問23は、問20で3.を選択された方にお聞きします

問21　具体的にそれはどこですか。（あてはまるもの1つに〇をつけてください）

回答欄
1. いわき市内の（　　　　）町　　2. 町名までは決めていないが、より市街地に近い場所
3. 町名まで決めていないが、現在住んでいる近隣の場所　4. いわき市外（　　　　　）
5. その他（　　　　　　　　　　　　　　　　）　　　6. わからない

問22　なぜその場所を考えましたか。（あてはまるもの上位3つに〇をつけてください）

回答欄
1. 歩ける範囲で日常的買物ができるから　　2. 公共交通が便利なため
3. 道路が整備されており、自家用車を使用しやすくなるから
4. 勤務先・通学先に近いから　　　　　5. 親戚・知り合いが近くに住んでいるから
6. 以前住んでいたことがあるから　　　7. 自然環境(公園や緑地)が整っているから
8. よい物件を見つけたから　　　　　　9. 地震や災害に強いから
10. 家賃や土地が安いから　　　　　　11. その他（　　　　　　　　　　　　　）

問23　移動販売や宅配サービスがあなたの近くでもっと便利になれば、今のところに住み続けやすくなりますか。（あてはまるもの1つに〇をつけてください）

回答欄
1. 住み続けることも可能になる　　　2. 住み続けやすくはなるが、やはり住み替えたい
3. 住み続けやすくはならない　　　　4. 避難中のため関係ない
5. その他（　　　　　　　　　）　　6. わからない

7.あなた自身についてお聞きします

問24　以下の、震災前後の変化についてお聞かせ下さい。

　　（1）現在において、以下の項目であなたに最もあてはまるものはどれですか。
　（あてはまるもの1つに〇をつけて下さい）

回答欄
1. 農林水産業　2. 自営業　3. 公務員　4. 会社員　5. 主婦　6. 学生
7. パート・アルバイト　　　8. 無職　　9. その他（　　　　　）

　　（2）震災により下記のような変化がありましたか。なお、回答欄中の「職種」とは問24(1)の選択肢のことを指します。（あてはまるものすべてに〇をつけて下さい）

回答欄
1. 勤め先・学校の位置が変わった　　　2. 所属している勤め先・学校そのものが変わった
3. 職種が変わった(差し支えなければ震災前の職種をお答えください：　　　　　　　)
4. 現在業務を行うことができていない　5. その他（　　　　　）　　6. 該当なし

問25　あなたの震災前にお住まいでした郵便番号、現在お住まいの郵便番号を教えて下さい。

項目	回答欄		項目	回答欄
1. 震災前のお住まい	□□□−□□□□		2. 現在のお住まい	□□□−□□□□

148　付録　アンケート実例

問 26　あなたのご自身のことについて教えて下さい。(項目ごとに 1 つ○をつけて下さい)

項目	回答欄
1) 性別	1.　男性　　　2.　女性
2) 年齢	1.　～19 歳　　2.　20 歳~29 歳　　3.　30 歳~39 歳　　4.　40 歳~49 歳 5.　50 歳~59 歳　　6.　60 歳~64 歳　　7.　65 歳~69 歳　　8.　70 歳~
3) 居住形態	1.　単身　　2.　夫婦のみ　　3.　夫婦とその子供　　4.　夫婦とその親 5.　夫婦とその子供と親　　　　6.　その他(　　　　　　　　　　)
4) いわき市総居住年数	約 (　　　　　　　　　　　　　　) 年

問 27　あなたはいわき市が提供する情報を得るために以下のサービスをどの程度利用していますか。(項目ごとに 1 つ○をつけて下さい)

項目	回答欄					
	存在すら 知らない	全く 利用 しない	あまり 利用 しない	どちら とも いえない	まあまあ 利用 する	とても よく 利用する
1) 広報いわき	0	1	2	3	4	5
2) いわき市の HP	0	1	2	3	4	5
3) TV(広報番組など)	0	1	2	3	4	5
4) コミュニティーFM	0	1	2	3	4	5
5) 地域内の回覧板	0	1	2	3	4	5

問 28　あなたにとってのいわきに対する考えを教えて下さい。(項目ごとに 1 つ○をつけて下さい)

項目	回答欄				
	そう 思わない	あまりそう 思わない	どちらとも いえない	ややそう 思う	とても そう思う
1.いわきの文化・伝統に誇りを感じている	1	2	3	4	5
2.いわき市の行政に信頼感を持っている	1	2	3	4	5
3.いわき市民に信頼感を持っている	1	2	3	4	5
4.いわき市が好きである	1	2	3	4	5

問 29　あなたはいわき市が情報を提供するのに以下のサービスを使用した場合、どの程度利用しますか。(項目ごとに 1 つ○をつけて下さい)

項目	回答欄				
	全く 利用しない	あまり 利用しない	どちらとも いえない	まあまあ 利用する	とてもよく 利用する
1) Facebook・mixi	1	2	3	4	5
2) twitter	1	2	3	4	5

問 30　日常的買物の際に困っていること、日常的買物環境改善のための提案などあれば、ご自由にご記入下さい。

8　　　アンケートは以上となります。ご協力ありがとうございました

索　引

●英数字●

100 m メッシュ　39
GIS　43
jSTAT MAP　44
KISS の法則　124
KJ 法　19
KJ ラベル　17
LULU　139
NIMBY　139
PT 調査　41
TA　15
t 分布　91
χ^2 検定（カイ 2 乗検定）　83

●あ　行●

アイスブレーク　14
アイデアソン　18
アラン・ケイ　103
アングル　49
アンケート　60, 66
アンケート調査　122
一眼レフカメラ　46
因果関係　87
因子分析　94
インターネットによる調査　63
インプロ　14
ウォッちず　39
梅棹忠夫　29
映像センサー　46

●か　行●

回帰直線　88
解像度　50
画素数　50
カテゴリー　80
川喜田二郎　17

間隔尺度　84, 94
観測変数　100
議事録　25
キス＆ライド　33
キャッチフレーズ　5, 32
共分散　84, 86
共分散構造分析　100
グーグルアース　40
クールシェア　33
クロス集計　81
決定係数　96
原稿執筆要綱　136
現地調査　121
交通弱者　34
国土数値情報　39
国土地理院　39
国連ハビタット　110
固有値　94

●さ　行●

最小 2 乗法　90
最頻値　79
サイレント・マジョリティ　109
参考文献　123
参考文献リスト　135
残差　90
サンプルサイズ　62
サンプル調査　60
ジェーン・ジェイコブス　1
司会者　134
自己紹介用スライド　14
施設消失　35
持続可能　33
実験計画法　61
質問対応のマニュアル　73
自前調査　54

社会調査　54
謝辞　123
重回帰式　90
重共線性　91
主成分分析　92
需要予測　34
順序尺度　94
情報　29
ショートノーティス　71
数量化法　94
数量化理論 I 類　94
数量化理論 II 類　94
数量化理論 III 類　95
スケジューリング　24
スティーブ・ジョブズ　53
ストリートビュー　40
スライド　128
正規分布　78
関正樹　137
説明変数　88
全国道路・街路交通情勢調査　42
潜在変数　100
センサーサイズ　46
全数調査　60
相関係数　84
想定問答集　131
層別抽出　61
総務省統計局　38

●た　行●

代替案　107
ダブルバインド　69
多変量解析学　76
ダミー変数　91, 95
単純集計　80
地域経済分析システム　45
地域データ　39

チームづくり　12
チャールズ・ダーウィン
　23
中央値　79
中心市街地　34
調査票　66
直接配布・直接回収　63
地理情報システム　43
ティーチングアシスタント
　15
定点観測　50
適合度検定　83
手ブレ　47
電子電話帳データ　39
電話による調査　62
統計ダッシュボード　45
道路交通センサス　42
独立　82
独立性の検定　83
都市構造可視化計画　44
土地利用　39
ドローン　32

●な　行●
名札　14
ネーミング　33

●は　行●
バイアス　61
パーキングエリア　106
パスツール　75
パーソントリップ調査
　41, 84
ハッカソン　18

パッケージソフト　76
林知己夫　94
原広司　9
パワーポイント　128
判別分析　94
ヒアリング　55
ヒアリング調査　121
ビジネスモデル・キャンバス
　114
被説明変数　88, 94
標準偏差　77
比率尺度　84, 94
ピンボケ　49
ファシリテーション　7
ファシリテータ　7, 15,
　104
ファシリテート　4
フェイスシート　67
付箋　16
フードデザート　34
プランナー　4
プレゼンテーション　6,
　116
ブレーンストーミング　5,
　16, 18
フロー図　106
分散　77
平均値　76
偏差値　78
訪問配布・訪問回収方式
　62
歩行者空間　34
母集団　60

●ま　行●
まち歩きツールキット　31
まちづくりワーク　3
見える化ツール　5
見かけ上の相関　88
名義尺度　94
目的変数　88, 94

●や　行●
有効回答率　61
有効数字　98
郵送配布・郵送回収方式
　62

●ら　行●
ランダムサンプリング　61
量的データ　94
倫理委員会　72
レオナルド・ダ・ビィンチ
　115
レジュメ　131
レンジファインダーカメラ
　46
ローカリズム　2
ロバート・K・メルトン
　37
ロールプレイングゲーム
　8, 109, 110

●わ　行●
ワーク　3
ワークショップ　3
ワークプラン　24

著 者 略 歴

谷口　守（たにぐち・まもる）
　　1984 年　京都大学工学部 卒業
　　1989 年　京都大学大学院工学研究科 博士後期課程 単位取得退学
　　1989 年　京都大学工学部 助手
　　　　　　　以降，カリフォルニア大学バークレイ校客員研究員，筑波大学
　　　　　　　社会工学系講師，ノルウェー王立都市地域研究所文部省在外研
　　　　　　　究員，岡山大学環境理工学部助教授，2002 年同教授などを経て
　　2009 年　筑波大学システム情報系社会工学域 教授
　　　　　　　現在に至る．工学博士

国際住宅・都市計画連合（IFHP）評議員，国土審議会・社会資本整備審議
会・交通政策審議会専門委員，日本都市計画学会学術委員長・理事など歴任．

著 書

「入門 都市計画」（単著，森北出版，2014 年），「21 世紀の都市像」（共著，
古今書院，2008 年），「Local Sustainable Urban Development in a
Globalized World」（共著，Ashgate，2008 年），「ありふれたまちかど図鑑」
（共著，技報堂出版，2007 年）など．

編集担当　村瀬健太（森北出版）
編集責任　富井　晃（森北出版）
組　　版　コーヤマ
印　　刷　モリモト印刷
製　　本　ブックアート

実践　地域・まちづくりワーク
—— 成功に導く進め方と技法 ——　　　　　　　　Ⓒ 谷口 守 2018

2018 年 10 月 17 日　第 1 版第 1 刷発行　　【本書の無断転載を禁ず】

著　　者　谷口　守
発 行 者　森北博巳
発 行 所　森北出版株式会社
　　　　　東京都千代田区富士見 1-4-11（〒 102-0071）
　　　　　電話 03-3265-8341／FAX 03-3264-8709
　　　　　http://www.morikita.co.jp/
　　　　　日本書籍出版協会・自然科学書協会　会員
　　　　　JCOPY　＜（社）出版者著作権管理機構 委託出版物＞

落丁・乱丁本はお取替えいたします．

Printed in Japan／ISBN978-4-627-48641-6

関連書籍のご案内

入門 都市計画
都市の機能とまちづくりの考え方

著　谷口 守

菊判・160頁　　本体 2,200円+税　／　ISBN 978-4-627-45261-9

[日本地域学会 2015年度 第14回著作賞受賞]

まちづくりの原点がここにある．少子高齢化，環境・資源問題―変化する社会環境の中で，これからの都市のあり方を考えるための一冊．

制度解説は必要最小限に抑え，都市計画の考え方そのものについて，具体的な事例を多く交えながら説明する入門書です．都市のもつ役割と，それに沿った都市のあり方を考えることで，大きく変化していく社会環境の下でのよりよいまちづくりを示します．

目次			
第1章	はじめに―なぜ都市ができるのか	第7章	持続可能性（サステイナビリティ）に取り組む
第2章	現代都市の問題		
第3章	都市の進化とプランニング	第8章	都市計画の基本的な制度
第4章	計画概念とプランナー	第9章	都市の再構築
第5章	暮らしを支える都市	第10章	新しい都市の形を考える
第6章	豊かな都市空間を考える	第11章	合意と担い手
		第12章	これからの都市づくり

ご購入方法など詳細は http://www.morikita.co.jp/